普通高等教育"十三五"规划教材

老旧城区绿色再生保护规划设计案例教程

李 勤 贺英莉 陈雅斌 编著

U0323161

北 京

冶 金 工 业 出 版 社

2020

内 容 提 要

本书根据教学大纲要求，以案例的形式较全面地阐述了老旧城区绿色再生的基本理论与方法。全书共分为两部分，在深入梳理老旧城区绿色再生的内涵、依据、方法及价值的基础上，以案例的形式展示了对老旧城区绿色再生规划设计的探索，从不同角度结合工程实际对研究成果进行应用分析。

本书可作为高等院校城乡规划、建筑学专业的教科书，也可供从事相关专业的设计人员参考。

图书在版编目（CIP）数据

老旧城区绿色再生保护规划设计案例教程／李勤，贺英莉，陈雅斌编著 . —北京：冶金工业出版社，2020.3
普通高等教育"十三五"规划教材
ISBN 978-7-5024-8392-0

Ⅰ.①老… Ⅱ.①李… ②贺… ③陈… Ⅲ.①旧城保护—城市规划—建筑设计—案例—高等学校—教材 Ⅳ.① TU984.11

中国版本图书馆 CIP 数据核字（2020）第 010688 号

出 版 人 陈玉千
地 址 北京市东城区嵩祝院北巷 39 号 邮编 100009 电话 （010）64027926
网 址 www.cnmip.com.cn 电子信箱 yjcbs@cnmip.com.cn
责任编辑 杨 敏 美术编辑 吕欣童 版式设计 彭子赫
责任校对 卿文春 责任印制 李玉山
ISBN 978-7-5024-8392-0

冶金工业出版社出版发行；各地新华书店经销；北京博海升彩色印刷有限公司印刷
2020 年 3 月第 1 版，2020 年 3 月第 1 次印刷
787mm×1092mm 1/16；13 印张；310 千字；197 页
59.00 元

冶金工业出版社 投稿电话 （010）64027932 投稿信箱 tougao@cnmip.com.cn
冶金工业出版社营销中心 电话 （010）64044283 传真 （010）64027893
冶金工业出版社天猫旗舰店 yjgycbs.tmall.com
（本书如有印装质量问题，本社营销中心负责退换）

《老旧城区绿色再生保护规划设计案例教程》
编写（调研）组

组　长：李　勤

副组长：贺英莉　　陈雅斌

成　员：刘钧宁　程　伟　田伟东　郁小茜　尹志洲　周　帆　邸　巍　崔　凯

　　　　裴兴旺　李文龙　刘怡君　于光玉　郭　鹏　韩兵正　张鸿儒　闫　军

　　　　杜晓荣　陈　尧　宋雨静　曹志玮　冯　源

前　　言

老旧城区是人类社会不断发展的成果结晶，是在历史不断发展中遗留下来的实物载体，也是一种独特的文化现象。城市在其发展演变中不断更新叠加，形成了不同的历史断面，同时也形成了不同时代风格和特征的建筑群体，在城市经历的各种变化中，显示着城市的发展具有一定的历史延续性。老旧城区不仅是历史上的实物遗存，其自身也包含着大量的历史文化信息、民风民俗、地域特征和文化内涵，这些都赋予了老旧城区独特的存在意义。

本书以案例的形式较全面地阐述了老旧城区绿色再生的基本理论与方法。其中，第 1 章主要论述了老旧城区绿色再生的内涵、依据、方法和价值；第 2 章以案例的形式剖析了老旧城区中历史街区、旧工业区及综合街区的现状、价值及规划设计的探索。

本书内容所涉及的研究得到了住房和城乡建设部课题"生态宜居理念导向下城市老城区人居环境整治及历史文化传承研究"（批准号：2018-KZ-004）、北京市社会科学基金项目"宜居理念导向下北京老城区历史文化传承与文化空间重构研究"（批准号：18YTC020）、北京市教育科学"十三五"规划课题"共生理念在'历史街区保护规划设计'课程中的实践研究"（批准号：CDDB19167）、北京建筑大学未来城市设计高精尖创新中心资助项目"创新驱动下的未来城乡空间形态及其城乡规划理论和方法研究"（批准号：udc2018010921）和"城市更新关键技术研究——以北展社区为例"（批准号：udc2016020100）、中国建设教育协会课题"文脉传承在'老城街区保护规划'课程中的实践研究"（批准号：2019061）的支持，同时得到了西安高科集团、西安圣苑工程设计研究院有限公司和西安市建设工程质量检测中心的资助；在本书撰写过程中，还参考了一些专家和学者的有关研究成果及文献资料，在此一并表示衷心的感谢！

由于作者水平所限，书中不足之处，敬请广大读者批评指正。

作　者

2019 年 9 月

目　录

1 老旧城区绿色再生基础

老旧城区作为时代更替遗留的产物，见证着城市的发展兴衰；作为居住场所，表现着居民的归属感；作为文化遗产，其价值具有多元性。随着时代的发展，老旧城区现状堪忧，传统风貌和特色大量遗失。在对老旧城区保护的基础上，对其进行绿色再生，重铸老城空间，优化其功能结构，使其得到复兴。

1.1 老旧城区的内涵

1.1.1 老旧城区的源起

在 21 世纪，实现现代化是中华民族的宏伟目标。全面构建社会主义小康社会，在现代化建设的过程当中，我国遇到了前所未有的机遇以及挑战。城市现代化的实现在很大程度上是实现社会和国家发展的根本环节。这样的条件下，伴随着我国城市化进程的不断加快以及我国社会主义市场经济建设的完善，传统的老旧城区的功能，已经不能够很好地满足当前人类社会发展的需求，不能够满足人们生活水平改善的需求，很多老旧城区基础设施建设不完善，脏乱差现象十分严重。老旧城区在很大程度上影响了整个城市形象的建设，故有必要对老旧城区进行适当的再生设计。

老旧城区是城市系统的一个重要组成部分，很大程度上老旧城区见证了一个城市的发展和成长，是时代发展的必然产物，通过对老旧城区的改造，能够充分地利用城市空间，进一步地完善城市的各项功能，老旧城区的改造是整个城市化所面临的重大课题，很大程度上引起了人类社会的关注。

1.1.2 老旧城区的界定

本书的研究对象为国内广泛存在的一般老旧城区。然而，在既有的正式文献中，并未直接对"老旧城区"进行界定，与之相关的研究概念则有"历史地段""历史街区""老旧城区"等，对其辨析如下：

（1）历史地段。历史地段是指保留遗存较为丰富，能够比较完整、真实地反映一定历史发展脉络、传统风貌或民族、地方文化特色，存有较多文物古迹、近现代史迹和集中反映地区特色的历史建筑群，并具有一定规模的地区，是历史活的见证。历史地段不是简单的文化符号，而是保持一座城市的历史记忆、文化内涵和生活多样性的失去原有功能的资源。

（2）历史街区。历史街区是指"文物古迹比较集中，有一定数量和规模的历史建、构筑物且风貌相对完整的生活地区，能够较完整地体现出某一历史时期传统风貌和民族地方特色的街区、建筑、小镇、村寨等。"历史街区的建筑格局与周围的环境形式反映了某一历史时期的风貌特色，使这些建筑的价值得以提升，它们代表着传统功能与风貌，是活的历史。

（3）老旧城区。老旧城区是整个城市发展最久的片区，在不同的历史时段都扮演着及其重要的角色，记载了城市发展的历史。一般情况下，旧城区存在环境脏乱、经济衰败、交通拥堵、市政设施不完善、房屋乱搭建等情况，其整体功能不完善，不能满足社会、政治、经济、文化的可持续发展。根据上述描述的特征，它是城市历史的承载，同时，它与现代城市的状态存在矛盾，亟待整改。

1.1.3 老旧城区的文化

现代文化理论的新发展为城市发展理论带来了新的启示。随着时间的推移，老旧城区文化是自下而上的崛起，而非自上而下的传递。老旧城区需要繁荣的文化经济，以改善这里的社会条件和经济条件，并为促进该地区的生活发挥积极而有益的作用。

老旧城区是历史遗留的产物，见证着城市的兴替发展。每个老旧城区都有自己的文化，充斥着独特的内涵，导致其文化的特征也丰富多彩，具有聚集性、层次性、地域性和辐射性。

（1）建筑文化。城市的建筑彰显着城市形象，具有深厚的文化底蕴。老旧城区的建筑风貌体现着过去与现在、传统与现代的文化传承能力，这种能力的高低展示着城市的审美情趣和个性特征，对老旧城区的文化形象乃至整体形象都至关重要。

（2）旅游文化。旅游活动和文化是不可分割的。无论是自然旅游资源还是人文旅游资源，它们都是老旧城区文化强大的生命力增长点，增强了游客与当地居民的互动性，推动老旧城区的经济发展。

（3）文物遗产文化。老旧城区拥有许多具有历史、艺术和科学价值的文物。历史上各时代的重要物件、艺术品、文献、手稿、书籍等可移动文物都是文化遗产的宝贵财富，它是一个重要的传承基因，集中体现城市历史风貌、特色并彰显城市个性，具有不可再生性。

（4）民俗文化。民俗是一种基于人们生活、习惯、情感和信仰而产生的文化，沿着历史的痕迹，在老旧城区中凝聚的各地域集居民众所创造、共享和传承的风俗生活习惯，是老旧城区一道靓丽的风景线，体现着人们生产生活过程中的物质和精神文化。在老旧城区中可以选择性地保留其精华基因加以更新传承，营造城市的特色文化。

（5）饮食文化。中华饮食文化内涵丰富，概括为"精致、悦目、坠情、礼数"四个词组，反映了饮食活动中饮食质量、审美体验、情感活动和社会功能的独特文化。在老旧城区的更新中，良好地继承发扬当地特色饮食文化，在创造经济价值的同时增强城市居民的认知和归属感，已成为老旧城区文化不可缺失的环节。

（6）名人文化。名人是一个城市的代表性旗帜之一，大多数城市都会和一些历史名人的光辉密切相关。精神和意识、观念和理论、知识和素质、情操和品格的高度凝聚是名人文化的实质，名人的优雅辐射了一个地域独特的人文特征。为了继承发展城市精神，可以将历史文化名人曾有过的理念和成就融入到城市精神中，让名人文化进入群众生活，以微妙的方式提高市民的文化素质和文明，突出老旧城区的文化特色，对当地社会、经济发展做出更大贡献。

1.1.4　老旧城区的特征

任何现代的城市都有值得回忆的历史。老旧城区是一个城市更新演替的重要见证，在过去几百年的城市发展和演变过程中，我国大量老旧城区经历了不同程度的整治和改造，致使原有独特的传统特色风貌在逐步消失，我国老旧城区的现状特征主要呈现为以下几方面：

（1）空间格局混乱。我国大多数老旧城区的城墙在解放初期都被拆除，由于交通工具的革新，老旧城区内部原有街道尺寸多次被拓宽，形成了公共空间、居民楼包围传统民居的格局。老旧城区内公共活动场所的亲切感、凝聚力基本消失，老旧城区低层建筑和高密度的空间格局受到严重破坏。

（2）交通问题频发。由于交通方式的改革，我国大部分老旧城区内的主要道路虽然都经过了大规模的改造，然而历史交通工具的适当规模所造就的历史街巷宽度、人口密度、建筑体量等现状，造成大量进出老旧城区的交通直接混入城市交通，人行、车行交通方式混杂，缺乏统一的控制规划，进而导致老旧城区内交通阻塞严重。虽然部分城市的老旧城区道路被划为步行街，但建筑体量和道路宽度等客观条件不能满足防火救灾

的要求，这也严重限制了老旧城区的健康发展。

（3）景观风貌丧失。由于缺乏统一的规划设计及景观引导控制，老旧城区内大型建筑、修缮更新建设各自为政，使得老旧城区内景观风貌难以统一。建（构）筑物风格各异，景观整体效果不佳，体量大同小异，建筑高度得不到有效控制，严重破坏了老旧城区内的景观风貌氛围。

（4）文化文脉断失。对于西安、南京、杭州等历史文化名城而言，老旧城区不再仅仅是传统历史文化保护的重点，同时，它也承载着城市文化文脉传承的重要任务。在过去的几十年里，这些城市的老旧城区都进行过一系列的改造及整治活动，如拓宽街巷、拆迁民居、修建仿古街道。老旧城区内的传统风貌和空间格局的历史特征及完整性已完全丧失。老旧城区中许多独具历史文化特色的民居建筑，早已被无序的建设所取代。

1.1.5　老旧城区的发展

1.1.5.1　老旧城区发展困境

（1）资源相对匮乏、承载力弱、发展空间不足。老旧城区的人均公共设施、基础设施和公共绿地的比例相对较低。城市发展面临着人口密集、建筑密度高、缺乏土地资源和交通支持等发展"瓶颈"。

（2）开发复杂艰难、成本过高。拆迁补偿费用过高已成为老旧城区发展的主要制约因素。拆迁补偿是老旧城区项目中最大的难点，开发商不仅要进行拆迁补偿，还需要为道路扩建和市政管线更新等市政配套设施的变更承担相应的费用，与此同时，由于商业企业的拆迁成本导致的城市房价上涨，又反过来

抬高老旧城区的"影子地价"。在这两种需要因素的共同作用下，老旧城区的拆迁比重在总建设投资中飞速上升。

（3）城市历史文化保护与发展的矛盾突出。在过去的城市建设中，我国大部分城市的老旧城区的改造都以"推土机式"的方式进行，大规模的历史风貌遭到破坏。例如，在城市更新和老旧城区改造过程中，济南老火车站被拆除、杭州中国美术学院旧校区完全拆除重建等。

1.1.5.2　老旧城区发展对策。

（1）空间结构的重构。空间结构的重构是实现城市可持续发展的重要途径。在老旧城区的改造过程中，有必要调整城市区域的空间布局，如疏散过量的人口，迁出不宜布置的工厂企业，更新滞后的基础设施。

（2）产业结构调整。产业结构的调整是城市发展的核心动力，城市现代化发展的过程实际上就是一个产业结构持续优化与升级的动态变化过程。

（3）制度创新。制度创新是促进老旧城区可持续发展的持久动力和根本途径。通过制度创新，老旧城区能够改变竞争格局，使原本处于有利地位的城区变得更加有利，并改变原来处于不太有利地位的城区。

1.2　老旧城区绿色再生的内涵

1.2.1　绿色再生的理念

再生的词义是结构变形、重新建构、再配置、再组合。一个系统在发展或运行过程中，会因为外力的作用加之内部构成

因子的发展运作，导致原本的系统组织结构产生异化甚至解体的现象，使系统整体难以保持良性的可持续发展、系统内各构成因子难以正常运行。所以，构建系统的机构已经异化、解体，为了进行最佳组合，必须对其进行重新建构。

绿色再生是在进行合理改造的同时，运用绿色技术手段，对其进行合理的规划，在满足生态环保且资源合理化的前提下，实现其再生利用。

1.2.2　老旧城区绿色再生的价值

老旧城区由于受到各种因素的制约，导致其在产业结构上得不到优化，在功能特征上得不到发展，所以对老旧城区进行合理的绿色再生、优化其产业结构、重构空间的功能特征，对老旧城区发展意义重大。

（1）生态价值。对老旧城区进行绿色再生设计，是作为对其再生利用的一个推动过程，具有良好的环境生态价值。一方面，老旧城区的保护传承规划设计保留了老建筑自身蕴含的能源；另一方面，拆除老建筑还需消耗大量的能源，如拆除建筑的人力资源、运输和处理建筑垃圾的能源等。对老建筑进行合理的绿色再生设计，实现其再生利用在费用上通常比新建建筑节省 1/4 ~ 1/3。

（2）社会价值。老旧城区的社会价值是人们在这个长期居住地建立的紧密的社会联系，这种无形的社会网络是人们生活的驱动力和依靠。现有的老旧城区由于经济发展和相关政策的原因，导致居住密度过高，个性空间完全或大部分丧失，恶劣的环境影响了邻里的和谐，生活方式变得无序。对老旧城区进

行绿色再生，不仅能极大改善居民的生活质量，还能促进社会的和谐稳定发展。

（3）文化价值。吴良镛先生曾谈到："文化是历史的沉淀，存留于建筑间，融汇在生活里。"老旧城区建筑是城市产业发展、空间结构演变、产业结构发展的历史见证以及城市风貌的重要景观。老旧城区的再生设计实现其再生利用不仅保持了实体环境的历史延续性，还保存了地方特定的生活方式。

（4）经济价值。对老旧城区进行绿色再生，即是对其进行二次开发，以发挥其剩余的经济价值。老旧城区的再生改造设计不仅可以发挥其自身的剩余价值，还能带动此区域的经济发展和产业结构的调整。老旧城区绿色再生的价值可以概括为以下几个方面：1）节约建造成本；2）节约基础设施投资；3）缩短建设周期带来经济效益。

1.2.3　老旧城区绿色再生的构成

当我们面对老旧城区这种珍贵的文化遗产片区时，不能只保护其中某个建筑单体，应以单体带动整体，从局部环境扩展到整体环境；不仅要关注历史留给我们的建筑物和空间实物，还要探索其中包含的传统文化，将其传承下来并发扬光大；不能单一方式修复建筑空间，要根据其空间特征进行功能定位和转换，赋予其新的价值并使其从根本上复兴。

（1）建筑本体及空间环境的再生。老旧城区最重要的组成部分就是城区内部的历史文化建筑以及建筑群所组成的空间格局，其中包括建筑单体的外立面、内部空间及装饰、建筑群所围合的院落和街巷空间环境，我们应该对其特征风貌进行整体

性的再生设计。

老旧城区内部的建筑格局是历经数载流传下来的历史文化积淀，记录了城区背景发展的变化，每一个细节都反映了老旧城区所在城市的肌理和文化特征，街区的整体环境特征，也代表了当地的传统风貌特色。因此，我们应该将老旧城区的建筑及环境作为一个整体来保护，使这些具有时代意义的建筑化石能更好地流传后世。

（2）人文环境及历史文脉的再生。对老旧城区的保护，不仅要对其城区内的建筑空间本身进行保护，在历史文化城区中蕴含的传统民风民俗文化以及非物质文化遗产也应该是我们保护传承的重点。我们对老旧城区的整体性保护，究其根本目的，是想对城市历史文脉进行传承，让人民走进城区中，能够感受到浓浓的城市历史风貌，能够感受到鲜活的地域特色以及传统的民俗文化。因此，对于老旧城区的保护，不仅仅是对老旧城区本身建筑空间的修复，更重要的是保护其中的历史文化元素，使得城市历史文脉得以传承。就像上海田子坊所代表的上海弄堂文化，成都锦里中的蜀锦工艺展示，杭州桥西直街中伞文化博物馆对于中国伞的传统工艺展示，这些代表着地域性传统文化的历史文化遗产都应得到保护传承及发扬。因此，保护老旧城区不仅仅是对老旧城区本身建筑空间的修复，也是对其历史文化元素的保护，使城市历史文脉得以传承下去。

（3）整体空间环境功能的再生。城市老旧城区在其形成的历史时期，一定是与其周边的环境乃至整个城市环境相互融合的，也就是说，在城市的发展中，老旧城区仅仅是城市空间的一个组成部分，随着历史的发展与时代的变迁，现代城市中的

老旧城区会显得与整个城市的大环境格格不入。所以，我们在面对老旧城区的保护问题的同时，也要考虑老旧城区在现代社会中的生存、发展问题。这就需要我们对老旧城区整体的空间环境细致地划分片区，合理规划、改造，赋予其不同的新功能，使其融入到现代社会的生活中去，而不是仅仅将其单纯修复后空置起来，成为一个没有生命、没有活力的老古董。这些赋有新功能、新生命的老旧城区，才能适应现代社会的可持续发展，才能真正回到其形成时期的历史意义，得到真正意义上的复兴。

1.2.4　老旧城区绿色再生相关理论

（1）可持续发展理论。朴素的可持续发展思想早在古代就已经存在了，伴随着社会发展和时代进步可持续思想也不断完善，尤其是经济学的出现，较大程度地丰富了可持续发展的相关理论。长久以来，学术界对可持续发展一直没有一个统一的定义，不同学者从不同的角度出发，对可持续发展进行了不同的阐述与表达，至今可持续发展的定义已经有超过一百种版本了。但所有定义中最著名的版本是1987年世界环境与发展委员会在《我们共同的未来》中提出的：既能满足当代人的需要，又不对后代人满足其需要的能力构成危害的发展以可持续发展体现了人们对社会发展方向的思考与对自然环境的关心，是顺应时代发展潮流的思想，它不仅仅是一个简单的概念，更是人类对长远发展的考虑，是社会、经济、自然和谐发展的必然。

（2）城市双修理论。城市双修是一种城市更新的方法，它是针对城市在快速发展过程中存在的问题和缺憾而提出的，关注的是城市短板及欠账。生态修复就是用再生态的理念在尽量降低生态系统所受干扰的前提下，恢复其功能、形态结构或自我调节能力，使生态系统处于动态平衡状态。段进教授认为对待城市和自然的态度有三个阶段：第一阶段，开发利用，城市快速扩展；第二阶段，旧城更新，利用保护；第三阶段，有机织补，系统再生，拓展生境，合而为一，生态和城市两者结合创造一个新的生境。

我们现在的城市处于第三个阶段，所以说城市双修是一种进化的城市更新手段。城市修补是围绕美化城市展开的，包括内在和外在，是用更新织补的理念，以渐进的、系统的、有针对性的方法改善城市的基础设施和公共服务设施，通过对城市空间环境品质及城市活力的提升、城市功能的完善、城市文脉的延续来弥补城市发展过程中的不足。城市双修不仅注重物质环境的修补，也注重软环境的修补，在此过程中既要注重历史人文和自然生态的传承，又要注重城市功能的再造。整个城市的治理过程其实也是共建共享的过程，只有这样，城市资源才会最大化发挥其效益，城市才能进入和谐共融的状态。

（3）生态安全理论。城市化的规模越大，城市对自然环境的影响就越大，而自然对城市的反作用力也越大。近年来，城市化引发的城市生态安全问题逐渐引起人们的关注。城市生态安全问题的内容主要包括：气候变暖、土地荒漠化、海平面升高、生物多样性锐减、雾霾、水污染、交通堵塞等。为应对城市生态安全问题，学术界针对城市生态系统功能、城市生态安全范畴和城市生态风险评价等方面的研究日益深入。国内外学者从城市生态系统发展过程，城市生态服务功能的维持，提高城市生态系统价值，城市生态安全指标体系的构建，城市生态安全评价方法，城市生态风险评价的内容、方法和步骤等方面开展了研究，取得了丰硕的研究成果。

（4）宜居城市理论。宜居城市是宜居的人居环境，宜居的人居环境的概念由道萨迪亚斯于1968年在其著作《人类聚居学》中最早论述的。他认为人居环境，是形式功能单一简单的遮挡体、规模大和人口密集的城市等在地球上各种以供人类生活直接使用的、客观存在的物质环境。在国内，吴良镛在道萨迪亚斯创建的人类聚居学的影响下，于20世纪90年代首先阐述了人居环境科学的概念。他指出，人居环境既包括广义的内涵，又具有狭义的含义。广义上意味着与人类各种活动紧密联系的空间，狭义上意味着与人类生存活动紧密联系的空间。此后，刘颂（1999）等学者对此进行了深入解读，指明人居环境不仅是人类居住、活动的实体空间，同时也包含了空间上的人口、社会、资源、环境、经济等多个要素。李丽萍（2001）强调城市的人居环境包含了五个子系统：可持续发展环境、基础设施环境、自然生态环境、社会交往环境及居住生活环境。联合国教科文组织发起的"人与生物圈"计划，于1972年，最早正式提出了"生态城市"的概念。

以上观点虽各有侧重，但都是在城市发展进程中，关注社会人文、经济物质、自然生态等方面的有机融合，强调城市建设与自然生态环境之间的和谐共生、共同发展。城市宜居性与宜居城市，它们在内涵上具有一致性，都涉及城市的自然环境、物质环境、社会环境与人文环境等方面。城市宜居性与人居环境、生态城市三个概念之间不仅具有相似点，同时又各有侧重。

在研究范围上：人居环境的涉及范围最为广泛，从大尺度的全球、国家与地区，到中尺度的城市、社区邻里，再到小尺度的建筑；城市宜居性的探讨尺度是单个城市，同时涉及城市里面更小的空间范围；生态城市涉及对单个城市的研究和更大空间范畴，即把城市置于一个大的空间范畴来考虑，但关注的核心依旧是城市。在研究内容上：人居环境的内容包括更广泛，生态城市主要从生态学角度，侧重城市的自然环境和物质环境两个方面，而城市的宜居性更关心自然环境与物质环境对人类居住、生产工作、生活、休闲等方面的影响。

1.3　老旧城区绿色再生的方法

1.3.1　老旧城区绿色再生的基本内容

老旧城区这一独特的历史遗存，无论对城市的历史脉络而言，还是对城市的未来发展而言，都是一种特殊而珍贵的文化遗产。在对老旧城区进行保护更新时，不能只着眼于某个特殊的建筑单体，而应该对城市中珍贵的历史片区进行整体发掘和保护。应该从宏观层面入手，对老旧城区的整体空间格局进行探索，进而分层级地对城区整体进行传承保护。不仅要对老旧城区的整体格局和建筑实体进行关注和重构，还应对老旧城区更深层次的空间功能、生态环境和人文脉络进行保护和重构。

（1）整体空间格局的再生。老旧城区在历史的不断发展之中形成了具有历史特征和本土特色的空间脉络格局，同时又反映了一定时期的城市规划思想和规格制度，是一座城市能够在宏观层面上给人留下的最深刻的印象。老旧城区的整体空间格局不仅仅是指一个城区在街道脉络上的遗存，还包括城区中的街巷空间环境、建筑群体及其所围合成的院落空间。所以，我们在进行重构时应该从老旧城区整体入手进行整体性的再生设计。

随着城市规模的发展和城市范围的扩张，现代城市的尺度规模越来越大，逐渐将老旧城区包围，形成了现代城市中的历史围城。然而，历史遗留下来的老旧城区的整体空间尺度与城市的发展越来越不相符，因难以融入到现代城市之中而产生诸多矛盾。因此，在对老旧城区进行空间格局重构时，应立足于现状，在进行保护传承的同时满足现代城市发展的基本要求。

（2）建筑实体的再生。建筑实体是一个城市的最小组成单元，是老旧城区历经数载遗留下来的传统实体文化积淀，记录了一个城市的发展变化。不同的建筑形式是不同地域最明显的建筑艺术差异，从细节上反映了一座城市的脉络肌理和文化特质，包括建筑单体的立面样式、建筑形制、装饰、围合庭院及街巷尺度，都代表了当地的传统建筑风貌，具有非常重要的历史文化价值。同时，由单个建筑通过不同组合所形成的建筑院落形制和建筑群体，也是一座城市空间格局的重要组成部分。

因此，我们在对老旧城区进行再生设计时，更应关注历史遗留下来的实体文化，寻找历史中建筑单体及群体的形制及脉络，使这些具有时代意义的建筑实体化石能够更好地保存下来。

（3）空间功能的再生。老旧城区在历史上形成时，必然是与周围环境乃至整个国家发展息息相关的，是因为某些具体的需要而形成的，因为独特的空间功能而促进发展。而随着城市的发展和时代的变迁，历史发展遗留下来的老旧城区在空间功能的发展上逐渐出现了诸多与现代城市不相适应的矛盾，无论是在居民生活、商业发展、设施更新还是城市内部发展上，都使老旧城区显得与现代城市格格不入。

因此，在对老旧城区进行保护传承时，应从各个方面入手，综合考虑老旧城区在城市中的地位和发展需求，对老旧城区空间功能进行合理规划和改造，充分考虑老旧城区的实际需求和现代城市的发展需要，使其逐渐融入到现代城市之中，同时又具有自身独特的文化内涵。

（4）生态环境的再生。老旧城区在如今快速城市化发展的今天，可看作是城市之中一个独立的生态系统，通过自身的发展而达到平衡。生态环境是人们赖以生存的基础，具有独特的地域性及功能性，与人们的生活生产息息相关。在资源大量被消耗的今天，人们越来越关注生态环境的状况，提倡生态优先和可持续发展，以保证生态系统能够正常运行而使身边的生态环境能够保持良好的状态。因此，在老旧城区重构时应注重绿色技术手段的运用，通过对老旧城区进行合理的规划而实现对生态环境的再生。

（5）人文脉络的再生。在对老旧城区重构的工作中，不仅要对建筑实体、空间脉络、空间功能和生态环境进行再生，还要对人文环境和历史文脉进行再生。我们对老旧城区进行整体保护重构，其目的就是为了保留住我们城市中的历史遗存和人文脉络，让老旧城区中蕴含的历史民风民俗和非物质文化遗产能够得到传承，使人们生活在浓浓的城市历史风情中，感受鲜活的城市地域特色和独特的民俗文化。因此，对于老旧城区的保护规划，不仅是对城市实体遗存的保护与规划，更重要的是对城市中历史文化元素的保护和历史脉络的传承。

1.3.2　老旧城区绿色再生的基本原则

（1）历史原真性原则。老旧城区在历史发展中形成，承载了城市发展的历史信息，是一座真实存在的历史博物馆。老旧城区存在的意义正是其内含着的历史价值，是对于城市中生活居民的民风民俗的保存和传承，是一座城市最真实的记忆。只有保存好一座城市的历史真实性，才能真正展示一座城市的文化面貌和历史信息。

老旧城区是一个不断发展的过程，经过数载的发展变迁，老旧城区形成了不同的历史断面和城市风貌。对老旧城区真正的保护不是要恢复其原有面貌，而是保留老旧城区在发展中的历史真实性，保留住一座城市的历史信息。一味地"复古"或是"仿造"只能使老旧城区的外观保留，而不能从内涵意义上保留下一座城市的真正内涵。老旧城区的历史真实性不仅仅指物质实体遗存的真实性，也包括对于非物质遗存的真实性。除了老旧城区中的文物、古遗址、古建筑之外，独特的居民社会结构、传统地域文化、生活习俗和人文内涵也是一座城市最真实的内涵，只有将这些人文内涵真实地传承下去，才能真正保护好一座城市的历史真实性。

（2）风貌完整性原则。对老旧城区的风貌保护不是只对某一历史建筑的保存，而是应该对整个历史城区的保护。老旧城区的存在是经过了不同历史时期发展而形成的，保留了不同历史阶段的建筑风貌。在保护重构过程中应保护好老旧城区的风貌完整性，维护好城区范围内建筑的建筑风貌，使其基本一致，

并对建筑及其艺术细节进行修复，使其恢复完整性及艺术性。尤其在老旧城区的核心范围内，不应存在与传统风貌相违背的建筑形式，防止对传统风貌视觉环境的影响和破坏。

同时，老旧城区应具有一定的规模。只有达到一定的建筑风貌规模，才能使人们进入一定的历史环境氛围，使人们真正体验到历史回归的感觉。即使城市的发展对老旧城区形成了一定的冲击，但是经过建筑工艺的漫长发展，也是可以通过一定的建筑修复措施将风貌进行修复，使其重新融入到老旧城区之中，恢复老旧城区的历史性和风貌完整性。

（3）可持续发展原则。老旧城区的绿色再生设计不只是对其物质环境的重构，同时还需要对生态环境进行合理的规划和重构，以保持老旧城区的生态适宜性和合理性。对老旧城区的再生设计不仅是对城区建筑格局和建筑本体的保护，还应注重城区居民的生活环境和生态环境，不能只注重其经济效益，更重要的是使其满足当代人们的生活需要，提高城区的生态环境质量，满足老旧城区的长久发展需要和宏观规划。老旧城区的绿色再生需要满足绿色生态的原则，立足于整个城区的生态环境质量，运用先进的绿色技术手段，通过对全局的宏观规划，旨在实现老旧城区的环境建设与生态和谐共生。

（4）保护与发展相结合原则。老旧城区是城市历史发展的见证者，是城市发展历史的载体，是万千居民生活的场所。对老旧城区的绿色再生应遵循保护和发展相结合的原则，既需要保留下居民对于老旧城区的记忆，也需要将老旧城区的发展与城市发展相接轨，既需要保护好历史城区的传统风貌，也需要满足新时期的城区发展需求。

老旧城区的绿色再生需要通过对城区的建设发展满足居民的日常需求，通过合理地规划展现老旧城区的历史面貌和城市的多样性，也需要对老旧城区进行发展，注入新的活力。同时，老旧城区在城市中占有重要的地位，对城市的发展也有一定的影响作用。在绿色再生设计时，还要通过整体的考虑，充分考虑老旧城区的发展作用，以老旧城区发展带动城市的整体发展，促进整个城市的繁荣复兴，实现整体发展的目标。

1.3.3　绿色再生的常用模式

老旧城区绿色再生设计不是对原有历史古城城市结构形态一味地模仿和复古，而是应该随着时代的发展不断提升自身的适应能力。老旧城区承载着一座城市历史发展的记忆，是一座城市发展的岁月痕迹，延续了城市发展的文化脉络，在城市发展中应该保存好城市的内涵，让城市具有独特的魅力。同时，老旧城区的绿色再生规划设计应该把握好其在城市结构环境中的地位、布局、环境及使用方式等功能性问题，才能更好地发挥老旧城区所独有的深厚文化内涵，从而发挥出老旧城区标志性的空间魅力和历史底蕴。

1.3.3.1　老旧城区显性历史遗存的绿色再生

（1）"冻结式"绿色再生设计模式。"冻结式"绿色再生设计模式是将老旧城区中的建筑群体进行复原和修复后，连同人们的生活也一起保存下来，以供人们参观学习和观光旅游。这类老旧城区中的空间格局、交通路网、建筑风貌、街巷景观等都基本上保存完好，并且质量较高，对于历史上传承下来的民风民俗、社会文化、工艺艺术等也充分传承，历史延续意义较

强，较少受到现代城市的侵扰。但是，这类老旧城区往往地理位置比较偏远，生活水平较低下，基础设施也较为缺乏，如云南丽江、山西平遥等地区。因此，对于传统历史继承较为完好的老旧城区而言，采用"冻结式"绿色重构设计模式能够较为完好地保留下历史城区的原始风貌。同时，应该在保护的基础上改善老旧城区的生活水平，完善城区的基础设施，提升老旧城区的环境条件，重新焕发出老旧城区的活力和魅力。

（2）"拼贴式"绿色再生设计模式。在老旧城区中存在着很多街巷空间和传统建筑风格仍未改变的街区，风貌保存较为完整，而且房屋质量也较高，但是街区中基础设施匮乏，人口密度大，房屋简陋，如西安的城隍庙，就属于这种类型。对于这类老旧城区，在进行绿色再生设计时应尽量保存现有的历史遗存和建筑风貌，同时对破败严重和风貌缺失严重的建筑采取重构的方法进行修复完善，以恢复老旧城区的整体风貌特色，使现代建筑能够很好地和传统建筑相协调，共生于老旧城区之中，以达到保护老旧城区空间形式、延续历史文脉的目的。具体的保护方法包括：保护、整修保存质量较好的传统建筑；保护街道格局及其空间尺度；限制建筑高度，控制建筑体量；改善基础设施，降低人口密度等。

（3）"转换式"绿色再生设计模式。由于老旧城区的历史发展及地理位置的影响，其自身的社会构架发生了一定的变化，在老旧城区中形成了一定规模的商业店铺，老旧城区之中的社会状况也随之发生了变化。在老旧城区中，居民类型主要分为当地居民和非当地居民，其中非当地居民人口占此类城区的半数以上，而原地居民中的年轻人大多已迁出到新建居民区居住，

只留下老人在此居住，因此老龄人群往往较多。其次，这一地区的商业服务对象也不只是面向老旧城区内人群，而是面向整个城市服务。因此，对此类老旧城区进行保护规划时，在模式上与以居住性质为主的老街区有着明显的差异，应因地制宜，综合审视老旧城区的功能定位，以适应城市经济和社会发展。

这些老旧城区曾经对城市的商业经济发展起过重要的促进作用，延续其功能性质不仅保留了城市发展的历史信息，同时还发挥了其独特的文化传统，形成了独特的商业旅游环境，起到了提升城市品位、改善城区环境、创造良好经济效益的作用。因此，对于此类老旧城区，可以顺应时代的发展需要，在延续老旧街区功能特性的同时，将城区发展结合城市的发展，以做出相应的调整，在保护原有历史风貌及空间结构的基础上，适当地扩大商业规模，改善商业环境，提供一个具有文化延伸、历史传承及特色鲜明的商业环境，提高老旧城区的经济水平与生活质量。

1.3.3.2 老旧城区隐性历史遗存的绿色再生

（1）继承与延续。老旧城区的风貌是由物质环境、文化环境和社会环境综合形成的，而其中的文化和社会环境根植于物质环境之中，作为隐性历史遗存存在于老旧城区中，具有较强的连续性和传承性，能够从多个角度反映城市发展的历史信息，同时也是人与人及人与物的关系的凝结，必须在相应的历史和物质环境中才能生存和延续。

对于根植于历史的传统街区，并有助于创造城市多样性的因素，应给予保留，特别是对于那些今天仍然出现的场景、生活加以继承并且延续下去，包括活动空间的形态、活动的方式、交往的模式，都应保留下来。

（2）探究与发展。"世界上根本不存在永恒不变的东西，由于历史的变迁，许多有价值的人文资源未能延续至今，可贵的是在继承大量历史文化'基因'基础上的创新式修整复兴"，因为它所具有的典型性和代表性的历史内涵，有必要通过资料的收集整理发现它的形式、活动方式、方法，而后赋之载体或通过当今人的再创造将其表现出来，使当今的人们能体验到历史文化所独有的内涵，并且使历史文化得到积极的保护和延续。

2　老旧城区绿色再生案例

2.1　历史街区绿色再生

2.1.1
延寿街－
佘家胡同
街区微更
新|

2018
北京

1

　　本项目基地位于北京前门大栅栏西区的历史文化街区，主要包括佘家胡同和延寿街两条胡同的微更新，经过多次深入的实地调研并参加胡同居民体验反馈会议，了解到佘家胡同和延寿街分区明确，业态分布各司其职，佘家胡同主要功能为居住和日常生活，延寿街主要功能为商业，为周边胡同居民提供日常生活所需，同时两条胡同也有一定的游客接待功能。从胡同人口构成上看，老年人居多，且胡同居民生活质量有待提高。

　　综合实地调研和居民反馈的意见，为提升胡同生活质量，方便胡同居民的日常生活，提升胡同活力，设计团队提出渐进式的微更新方式，主要通过介入多样·动空间、活力·韵空间、共享·变空间和翻折·变空间来更新胡同，提升胡同活力和居民生活质量。

　　其中，四种空间相互融合，按街巷空间利用率和街巷使用者需求设计。在街巷中的存量空间中，最大化利用街巷空间，丰富街巷活动类型，增加街巷空间使用率，提升胡同街巷活力，从胡同微更新中尝试提升胡同活力。

整体鸟瞰图

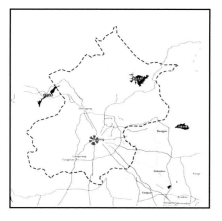 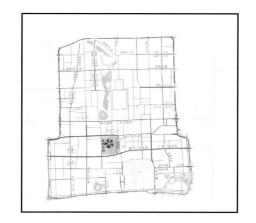 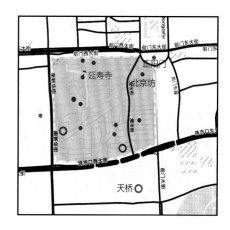

·区位分析

延寿街和佘家胡同位于北京大栅栏历史文化区，大栅栏是北京历史上最有活力的商业街区，也是非常有特色的城南胡同片区。

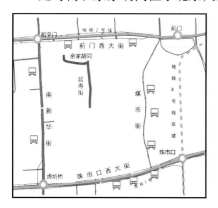 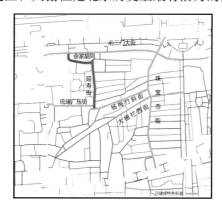 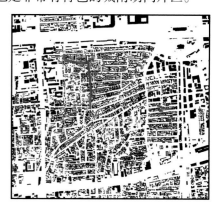

·基地分析

延寿街与佘家胡同位于大栅栏历史街区西区，北临前门西大街，东西分别临近煤市街和南新华街，南侧与珠市口西大街相望，周边有十个公交车站，北侧临近地铁站，交通方便；延寿街与佘家胡同位于大栅栏西区核心地段，地理位置优越。

不同人群满意度调查分析

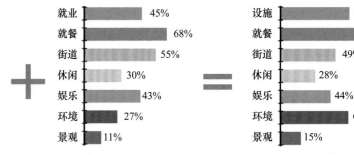

居民满意度调查

买菜	73%
就餐	86%
街道	40%
休闲	35%
娱乐	71%
交流	90%
景观	12%

游客满意度调查

参观	78%
就餐	65%
街道	43%
休闲	20%
娱乐	50%
住宿	75%
景观	22%

外来进驻者满意度调查

就业	45%
就餐	68%
街道	55%
休闲	30%
娱乐	43%
环境	27%
景观	11%

综合调查叠加

设施	65%
就餐	73%
街道	49%
休闲	28%
娱乐	44%
环境	64%
景观	15%

↑经过对居民、游客和外来进驻者的调研分析，人们对佘家胡同和延寿街的公共休闲活动满意和景观效果满意度最低，这就意味着胡同的改造要着重对这两个方面进行提升，以满足不同人群的普适化物质精神需求。

周边设施服务半径分析

旅游业服务范围　　　　休闲业服务范围　　　　文化业服务范围　　　　文保服务范围

↑经过对周边基础设施和生活服务业态的调研分析可知，延寿街和佘家胡同周边服务设施完备，旅游服务、休闲娱乐服务、文化业态服务和文保服务均有良好保障，相对来说，公共休闲娱乐空间较为匮乏。

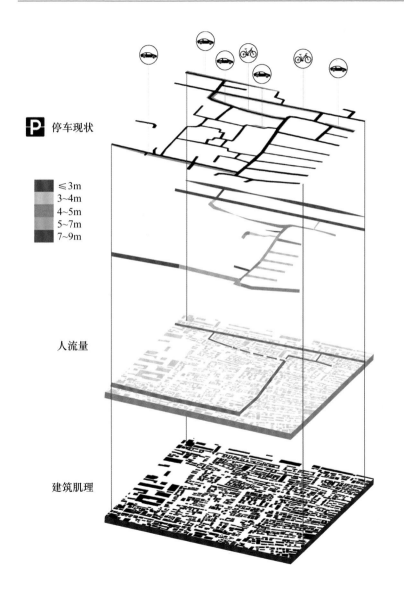

P 停车现状

■ ≤3m
■ 3~4m
■ 4~5m
■ 5~7m
■ 7~9m

人流量

建筑肌理

·停车现状

延寿街和佘家胡同街巷宽度较小,不适宜机动车行驶,否则会影响胡同内正常民众的生活。经过实地调研和多方位研究得出结论,若改善胡同的生活质量,解决交通和停车问题是重要途径之一;在解决日常交通问题和静态停车问题时,应保证行人的正常行走,并不破坏胡同的街道肌理,在最大化保护胡同的前提下,通过最小的介入和设计来提升延寿街和佘家胡同的生活质量。

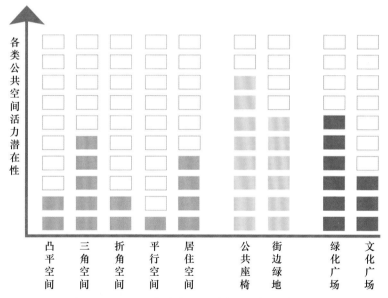

纵轴:各类公共空间活力潜在性

横轴:凸平空间　三角空间　折角空间　平行空间　居住空间　公共座椅　街边绿地　绿化广场　文化广场

·经过实地调研和观察分析得出结论,提升胡同公共空间的数量和实用性有利于提高胡同的生活质量。主要考虑人群有胡同居民、商业人群、游客及外来进驻者等,主要空间以胡同存量空间为主。

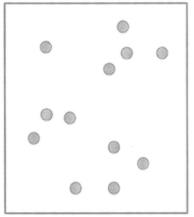

对现状活力点以及公共空间进行整理，选取重要节点研究、改造。

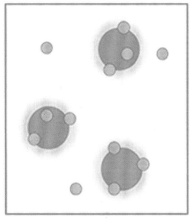

选取最佳活力点，最先改善公共活动空间，带动街道整体活力。

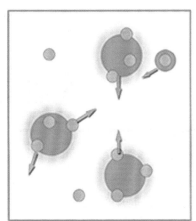

以培育、改造为核心，街道和节点为连接载体和连接点，并且相互贯通。

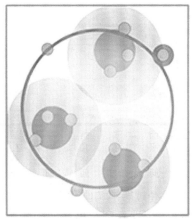

活力点的延续，点的生成，刺激更多的点共同带动社区的发展。

·更新策略与需求

活动居民	主要需求			

胡同居住区

下棋聊天　晒被晾衣　种植养植　散步遛狗

小区居住区

器械健身　广场玩耍　休闲皮球　散步遛狗

商业办公区

户外办公座椅　自行车停放设施　自动售卖机　企业文化沙龙

文化旅游区

自行车停放设施　停车问题　休闲座椅　历史文化体验

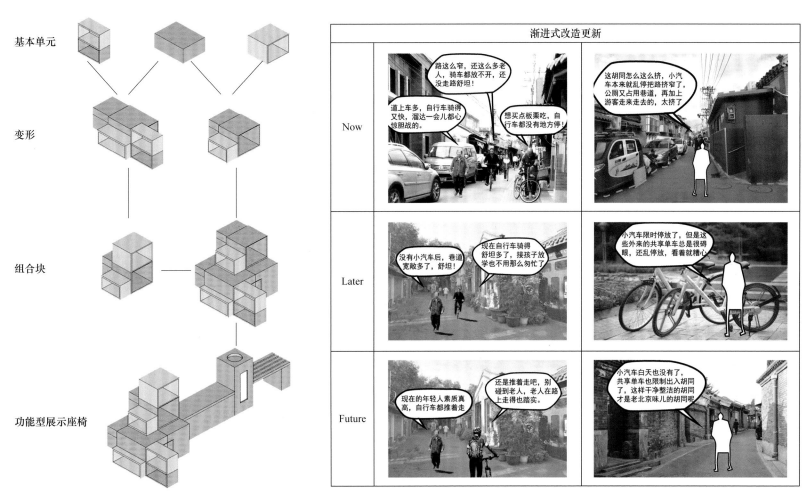

基本单元

变形

组合块

功能型展示座椅

·改造方式

通过单元式城市家具的介入，以非突变式的更新过程进行街巷改造，即"Now—Later—Future"的渐进式更新过程。

多样·动空间

用灵活可动的城市家具，营造胡同公共空间，胡同民众可灵活移动城市家具单元来创造符合各种活动的空间。同时单元式城市家具的加入，在不破坏胡同肌理的前提下，增加了胡同的功能和灵活性。

·动空间节点示意图

胡同动空间示意图

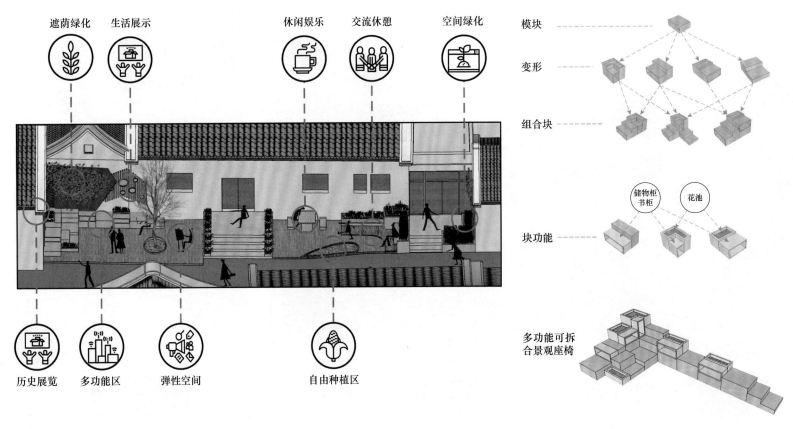

活力·韵空间

通过城市家具和绿化的设计，在街巷内按照一定需求设计富有韵律的公共休闲活动空间，而不仅仅是简单地将街巷进行机械的更新。

·单元式城市家具示意图

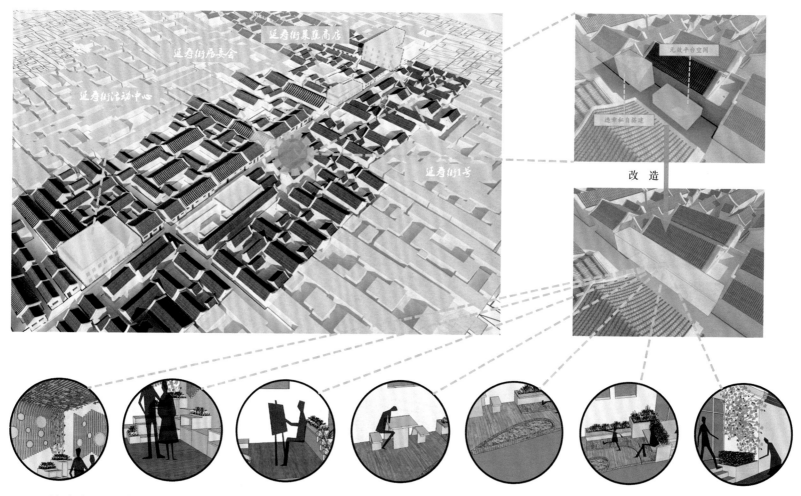

· 韵空间设计位置

间隔性地在延寿街主体和两胡同交接处设置韵空间，实现人群主要使用街巷的公共空间均质化。

·胡同公共空间微更新示意图

充分利用街巷存量空间进行微更新，置入单元式城市家具，营造灵活多样的公共空间。

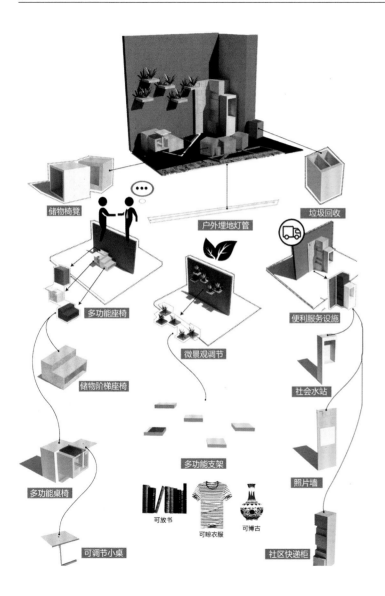

储物椅凳

户外埋地灯管

垃圾回收

多功能座椅

微景观调节

便利服务设施

储物阶梯座椅

社会水站

多功能支架

照片墙

多功能桌椅

可放书

可晾衣服

可博古

可调节小桌

社区快递柜

·多功能可调空间

·其功能可根据实际需求灵活组合，可用功能包括：储物座椅、多功能桌椅、微景观、多功能收纳盒、垃圾回收箱、照片墙、宣传板、快递柜等。

·新增部分灵活可调，方便营造不同空间和调换，有利于施工、正常使用和维修保护。涉及人民生活质量、便民设施、日常活动等方面，为胡同内的人们提供便利，提升胡同生活质量。

·多功能可灵活调节空间，或利用街巷存量空间，或是利用三角难利用空间，或是通过对公共空间的重新设计，丰富街巷活动类型，增加公共活动空间，提升街巷活力。

·不同的人群在这里都可以找到适合自己的活动空间，可休息、聊天、下棋、种植、晾衣服、阅读、观景等。

翻折·变空间

·加入可灵活折叠城市家具，收起时用做微菜圃，放开时用做行人休息座椅；座椅上有宣传版面，可根据街巷要求进行宣传活动；宣传版面上方布置垂直绿化或微菜圃，为街巷增加绿化，通过变空间节点的设计营造可变多功能公共空间。

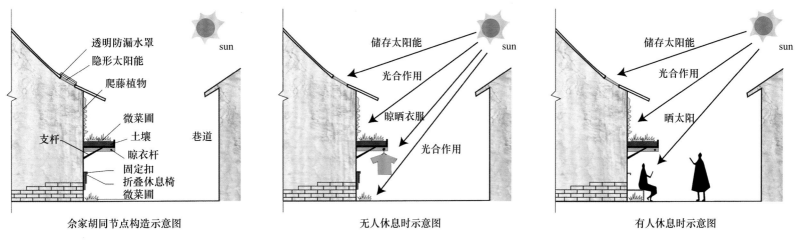

余家胡同节点构造示意图　　　无人休息时示意图　　　有人休息时示意图

·节点使用示意图

翻折空间节点使用分有人和无人两种情况，功能灵活。

·街巷存在问题

街巷存在诸多不便于胡同生活质量提高的问题，以此为出发点进行适当街巷更新。

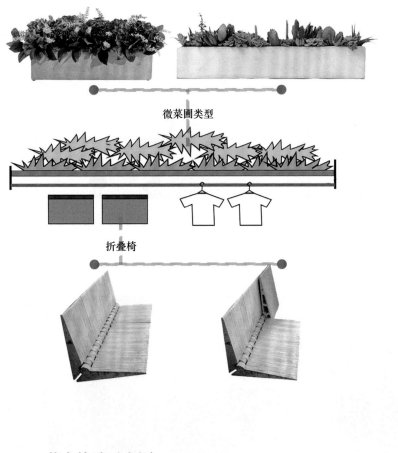

微菜圃类型

折叠椅

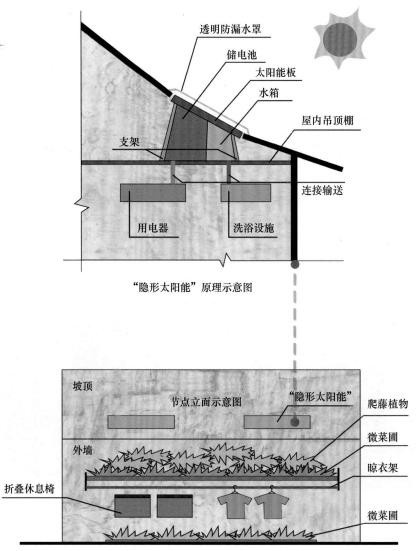

"隐形太阳能"原理示意图

·节点构造示意图

翻折空间主要组成部分有：地面微菜圃、翻折座椅、晾衣架、支撑构造和悬空微菜圃，适应有人使用时和无人使用时两种情况，通过最小化的介入提升胡同生活质量。

· 节点使用示意图

模拟翻折空间日常使用的情境，分为有人时和无人时两种情况下多种可能发生的情境。希望通过加入新的元素提升街巷空间的活力。

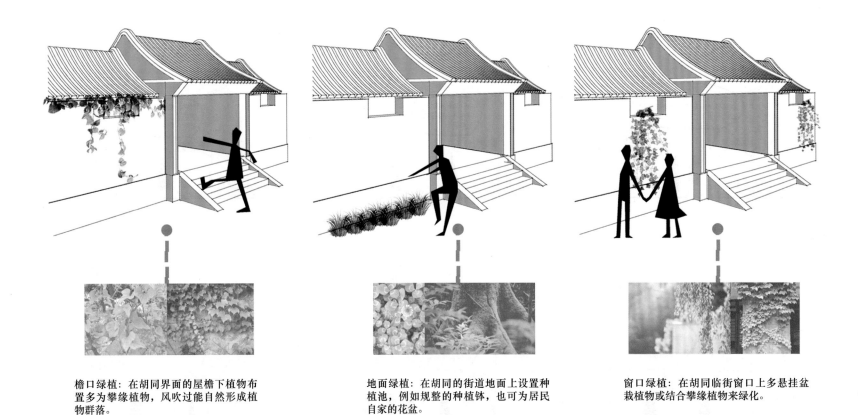

檐口绿植：在胡同界面的屋檐下植物布置多为攀缘植物，风吹过能自然形成植物群落。

地面绿植：在胡同的街道地面上设置种植池，例如规整的种植钵，也可为居民自家的花盆。

窗口绿植：在胡同临街窗口上多悬挂盆栽植物或结合攀缘植物来绿化。

·街巷绿化更新分析图

通过对街巷的绿化更新设计，提升胡同内生态环境质量，为胡同增添色彩，利用边角空间、墙体和屋檐下等可以利用的空间，加入藤本植物、窗口绿植、种植钵等绿化手法进行街巷绿化空间微更新。

交往作为人们共同活动的需求以及建立和发展相互接触的过程，蕴含了共同的空间交往活动、空间环境的状态和人。在城市公共空间中，碰面的机会与日常的活动为居民间的交流提供了必要条件。互动和交往构成了富有激情的城市生活。

此次设计佘家胡同总长约 250m，延寿街总长约为 370m，以唤回古都风韵，改善居民生活环境，创造可休憩、可交往、有文化内涵的公共空间，恢复具有老北京风味的街巷胡同，发展街巷文化为目标。以提升建筑品质、营造可供交流娱乐的城市会客厅、加入健身娱乐设施、梳理道路交通、清理不必要的低端业态商铺几方面入手进行更新设计。

四合院承载着北京居民的情怀，每个胡同都有自己的故事与历史，四合院发展到近代，一个院子大多是几户人家共同使用。院落的布置促使院内形成了亲切的交往方式，而穿梭在北京城内的诸多条胡同又以一个更大的单位调节着居民的交往。街道不只是交通空间，更承担着人与人之间交流的功能。

越来越多的年轻人离开了胡同中的老宅，选择在高楼林立的城市新区中生活。如何让年轻人重新回到老城中生活，是城市更新的一项重要内容。一方面，尊重院落的原始空间格局，保留以前的空间特质；另一方面，将其改造成为适合现代年轻人生活方式的居住空间。胡同居民各家私人空间狭小且原始条件不足，我们选取一部分公租房或民宿，进行小面积的空间腾退，设计具有可供学习阅览等功能的私人空间，塑造延伸的生活空间。

2.1.2
延寿街－
佘家胡同
街区微更
新II

2018
北京

2

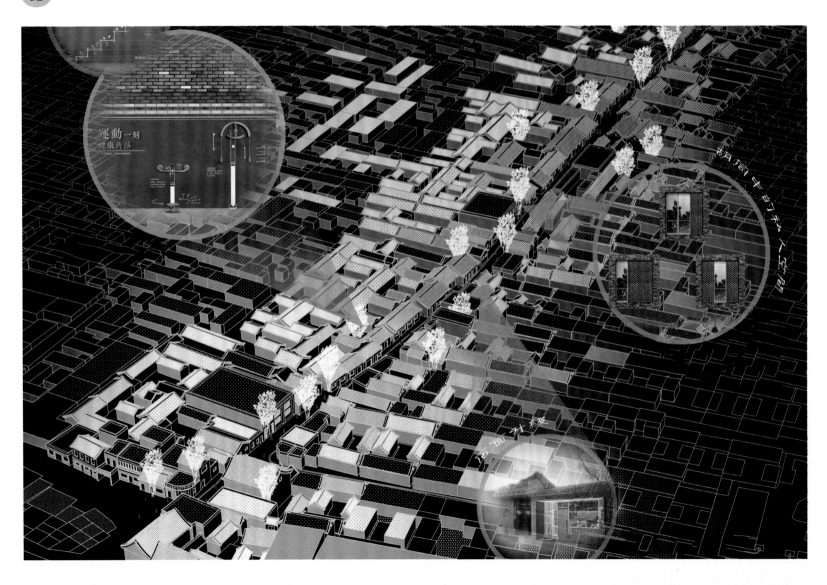

xxxxxxx

xxxxxxxx

xxxxxx

xxxxxxx

xxxxxxxx

清退多余店铺分析

现有卫生间共5个，保持不变。

现有饭店共3个，计划减至2个。

现有果蔬店共7个，计划减至3个。

现有便利店共9个，计划减至3个。

现有食品店共8个，计划减至3个。

现有洗衣店共2个，计划减至1个。

区位分析

北京

西城区

大栅栏街区

佘家胡同 - 延寿街

佘家胡同和延寿街位于北京市西城区大栅栏街道，离前门较近，北起前门西河沿街、南至杨梅竹斜街。佘家胡同总长约250m，延寿街总长约370m。

基于历史文脉

与胡同肌理

场地分析

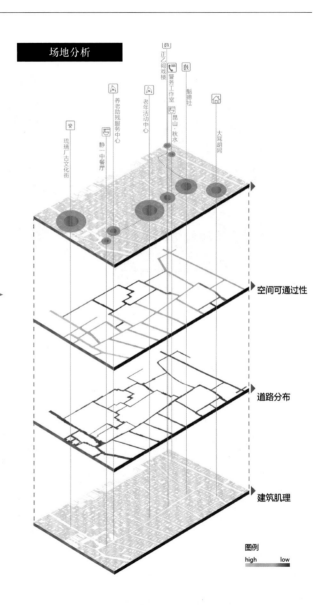

空间可通过性

道路分布

建筑肌理

图例

high   low

现状问题

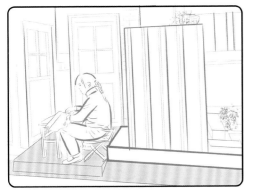  

　　四合院承载着北京居民的情怀，每个胡同都有自己的故事与历史，四合院发展到近代，一个院子大多是几户人家共同使用。

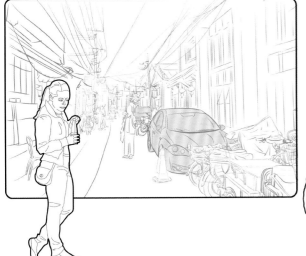 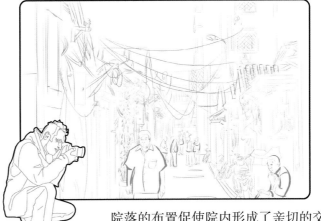 

　　院落的布置促使院内形成了亲切的交往方式，而穿梭在北京城内的诸多胡同又以一个更大的单位调节着居民的交往。街道不只是交通空间，更承担着人与人之间交流的功能。

车位分析

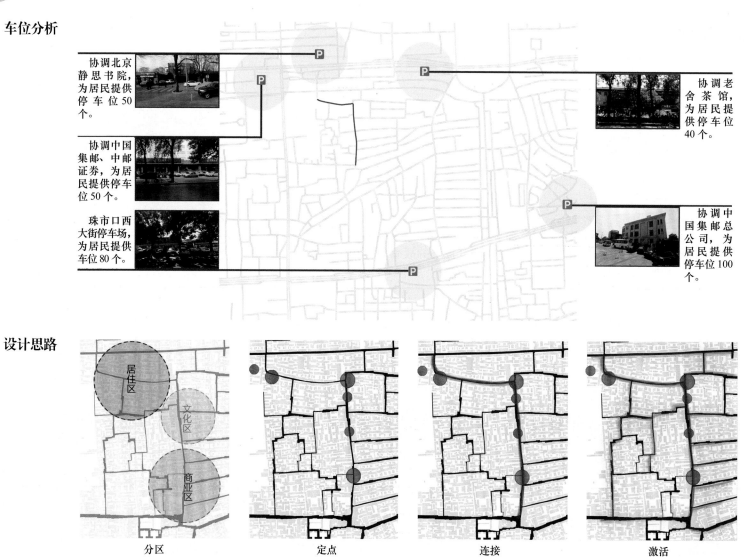

协调北京静思书院，为居民提供停车位 50 个。

协调中国集邮、中邮证券，为居民提供停车位 50 个。

珠市口西大街停车场，为居民提供车位 80 个。

协调老舍茶馆，为居民提供停车位 40 个。

协调中国集邮总公司，为居民提供停车位 100 个。

设计思路

居住区

文化区

商业区

分区　　　　　　定点　　　　　　连接　　　　　　激活

行为分析

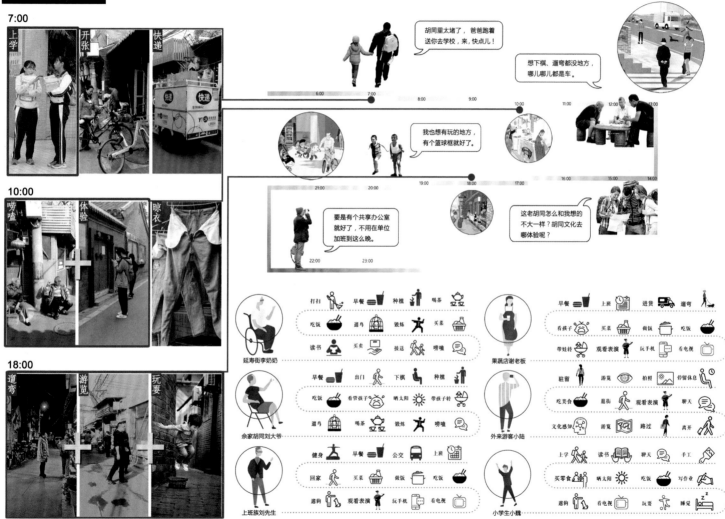

概念生成

胡同现状

景观与交通的冲突
居民
停车与居住的冲突
私占街道
游客
游览与通行的冲突
从业者

更新策略

四维胡同

胡同未来

停车　景观
居民
共享街道
空间　通行
游客
从业者

策略提出

策略一　通过业态比例 整合 功能重复的商铺

策略二　发掘、提升 具有特色的 传统文化

策略三　时间、空间 维度上 提高空间利用率 形成共享空间

策略四　节点式激活 激发 街区活力

城市客厅

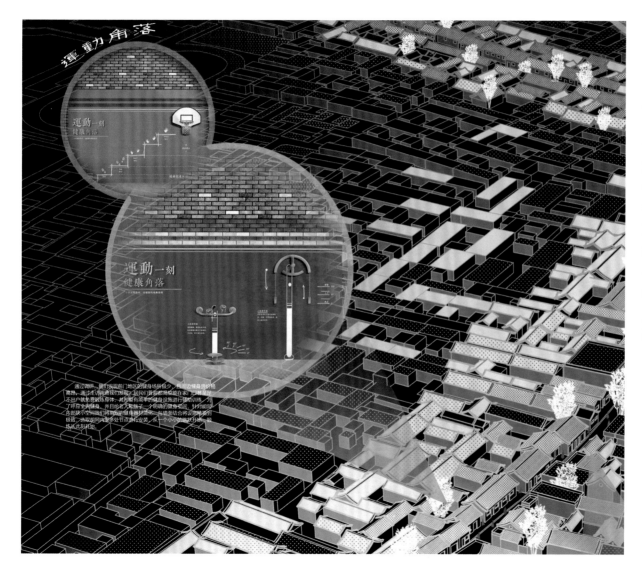

运动角落

前门地区的健身场所极少，且周边健身房价格高昂。通过走访调研，居民普遍渴望能在家门口免费锻炼身体，并希望有简单的健身设施进行辅助训练，为了呼应全民健身，并且给老人和孩子一个明确的健身空间，针对胡同内部狭小空间，我们将常规的健身器材简单化，与墙面结合，将设施精简到极致，选取胡同内部多处节点进行安装，从一个小小的跳跃开始，锻炼从此刻开始。

胡同中的私人空间

越来越多的年轻人离开了胡同中的老宅,选择在高楼林立的城市新区中生活。如何让年轻人重新回到老城中生活,是城市更新的一项重要内容。一方面,尊重院落的原始空间格局,保留以前的空间特质。另一方面,将其改造成为适合现代年轻人生活方式的居住空间。胡同居民各家私人空间狭小且原始条件不足,我们选取一部分公租房或民宿,进行小面积的空间腾退,设计具有可供学习阅览等功能的私人空间,塑造延伸的生活空间。

店面升级

针对低端业态需要清退,提升建筑品质,提出改造策略:对传统建筑风貌较协调以及质量较好的建筑进行改造;对传统建筑风貌不协调以及质量差的建筑进行更新。还原老城区街道肌理,打造传统街道文化。

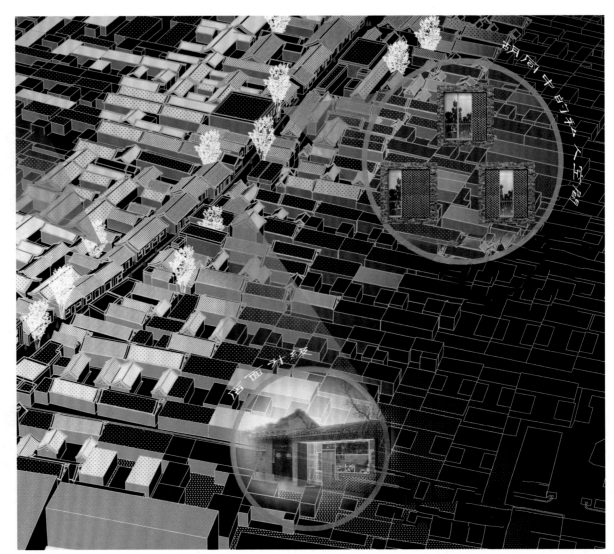

胡同中的私人空间

店面升级

项目概况：大栅栏是北京市前门外一条著名的商业街。现也泛指大栅栏街及廊房头条、粮食店街、煤市街在内的一个地片。大栅栏地处古老北京中心地段，是南中轴线的一个重要组成部分，位于天安门广场以南，前门大街西侧，从东口至西口全长275m。长期以来，由于大栅栏悠久的历史、丰富的史迹和独特的商业文化，该地区的保护与发展一直受到社会各界的高度重视。在北京旧城25片历史文化保护区面积中也占有举足轻重的位置。

2.1.3
大栅栏历史街区更新保护规划

2017
北京

3

大栅栏在历史上曾经是金中都与元大都间的近郊。元大都建立初期，金中都仍有不少街市，称为南城或旧城。新旧城之间人货往来，自发形成了若干由西南斜向东北的商业街市。明永乐时营造北京，在此处新建了几条称为"廊房"的商业街，即今日廊房头条至大栅栏（四条）。在斜街以西开设了官办的琉璃窑场，即今日东、西琉璃厂。清代大栅栏地区是北京最繁华的市井商业区，琉璃厂是最著名的文玩古籍和民间工艺品的市场。1900年大栅栏遭火灾。其后约10年时间又重新修建，商业更加繁荣。新中国成立后，大栅栏一直是北京最主要的商业中心之一。20世纪80年代以来，这一地区逐渐失去了往日的商业品质，然而长期以来这一地区发展的滞后使得传统城市元素得以基本保留。传统建筑、街巷、商业、民俗、文化内涵保留之多在北京现代化大都市中绝无仅有。

设计方案：规划地段位于西城区什刹海历史街区的西部，北至鼓楼西大街，西至德胜门内大街，南至羊房胡同，东至鸦儿胡同。整个规划范围用地面积约33.9公顷。规划区内包括了后海西岸商业圈、宋庆龄故居、恭王府花园、大量胡同以及四合院。

典型院落提取

图例
二合院
三合院
四合院
两进院
三进院

四合院

四合院，又称为四合片，是中国的一种传统合院式建筑，由许多单体建筑组合而成，通常由正房、东西厢房和倒座房组成，从四面将庭院合围在中间。

二合院

二合院只由大门和厢房组成，没有正房，通常是身份地位较低的人居住，没有典型四合院规整，但还是保留了庭院和厢房的相对位置。

三合院

三合院包括正房、厢房和大门，分封闭式和开口式两种。北面正中为堂屋，左右分别为客厅和粮仓；东厢房作厨房和餐厅，西厢房为卧室。其是四合院式建筑发展历史过程中的一个衍生物。

两进院

两进院分为前院和后院，其中后院叫内宅。前院由门楼、倒座房组成，连接前后院的为垂花门，后院由东西厢房、正房、游廊组成。有的两进院，例如北京茅盾故居，正房后加后院，专供女眷居住的后罩房。

三进院

第一进院是垂花门之前由倒座房所居的窄院，第二进院由厢房、正房、游廊组成，正房和厢房旁还可加耳房，第三进院为正房后的后罩房，在正房东侧耳房开一道门，连通第二和第三进院。

规整院落形制

图例
基准

1. 拆补

此类型的院落由于私搭乱建破坏了原有院落的形制格局。对其的改造方法在采取拆除私搭乱建的基础上，再对破坏的院落部分给予修复与扩建。完善整体的院落格局。

2. 合并

此类型的院落大多数由多个院落组成，并且处于街巷的拐角处，加上私搭乱建的影响，使得其形制变得模糊。因此对其的改造方式是将会形成消极空间的几个院落进行整合合并，呼应街巷的格局，拆除私搭乱建，使散落破碎的结构能够改善。

3. 补新

此类型的院落由于历史演变加上私搭乱建的破坏使得原本的合院格局消失，一些重要部分的古建筑被取代。因此修复方式是将影响其的私搭乱建拆除并恢复仿古建筑，补全合院格局。

4. 规整

此类型院落大多数都保留了完好的肌理形态与合院格局，影响其的私搭乱建也没有太大破坏院落结构。保护方法就是将其私搭乱建拆除，恢复其的形制，恢复历史街区格局。

5. 拆分

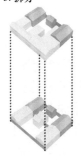

此类型的院落为不规则的院落，合院的肌理格局已基本看不出来。改造保护方法则是在不影响居民生活的情况下对合院进行多方向拆分，形成多个合院，也创造更适宜居民使用的空间。

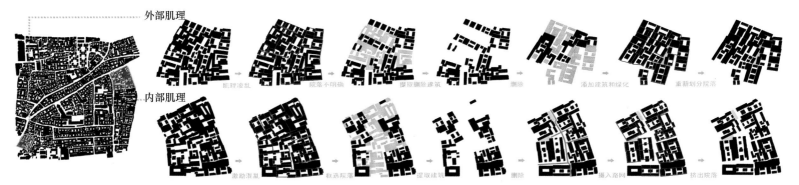

外部肌理

内部肌理

肌理凌乱 → 院落不明确 → 撷取删除建筑 → 删除 → 添加建筑和绿化 → 重新划分院落

激励混乱 → 框选院落 → 提取建筑 → 删除 → 撷入幕网 → 挤出院落

重要街巷处理

D:H 关系图

2:1
人的视平线与屋顶成 30°

1.5:1
人的视平线与屋顶成 39°

1:1
人的视平线与屋顶成 50°

1:1.5
人的视平线与屋顶成 65°

1:1.5

1:2
人的视平线与屋顶成 75°

重要街巷处理

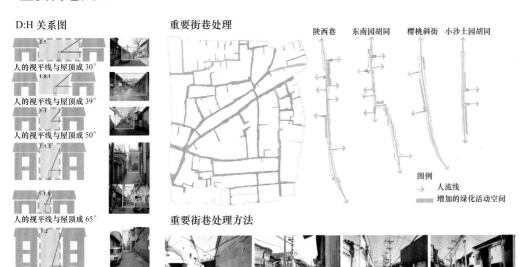

陕西巷　东南园胡同　樱桃斜街　小沙土园胡同

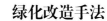

图例

→ 人流线

▬ 增加的绿化活动空间

重要街巷处理方法

清除杂物，新建绿化

规划统一非机动车停放

禁止汽车停放，增加立面绿化

间隙空间改为驻留空间

绿化改造手法

院内拆除私搭乱建建筑，恢复原有四合院格局，屋前增加绿化草坪，并种植树木加以点缀。

拆除与道路肌理不协调的建筑或者建筑群体，开辟出公共绿地，提供活动空间和休息场所。

与整体空间肌理不协调的建筑，进行立面改造，并增加屋顶绿化和垂直绿化。

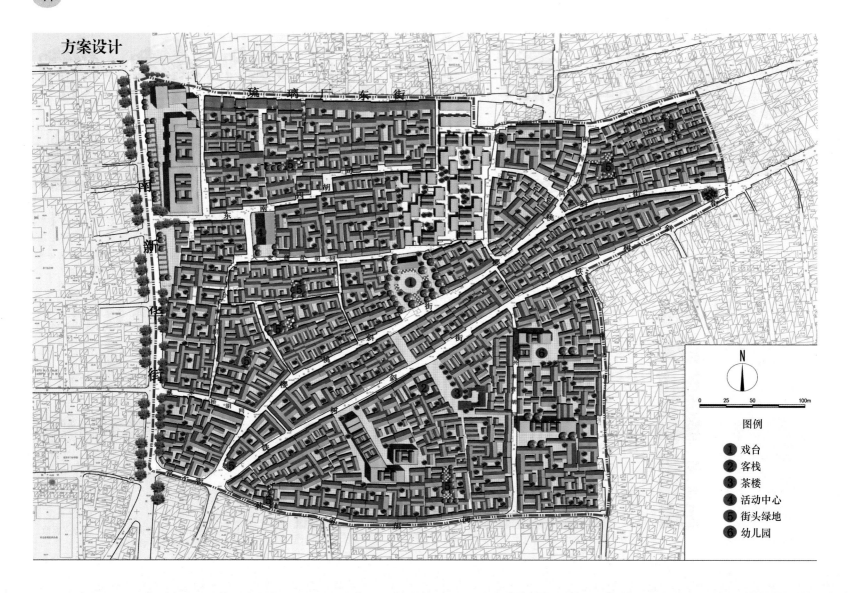

方案设计

图例

① 戏台
② 客栈
③ 茶楼
④ 活动中心
⑤ 街头绿地
⑥ 幼儿园

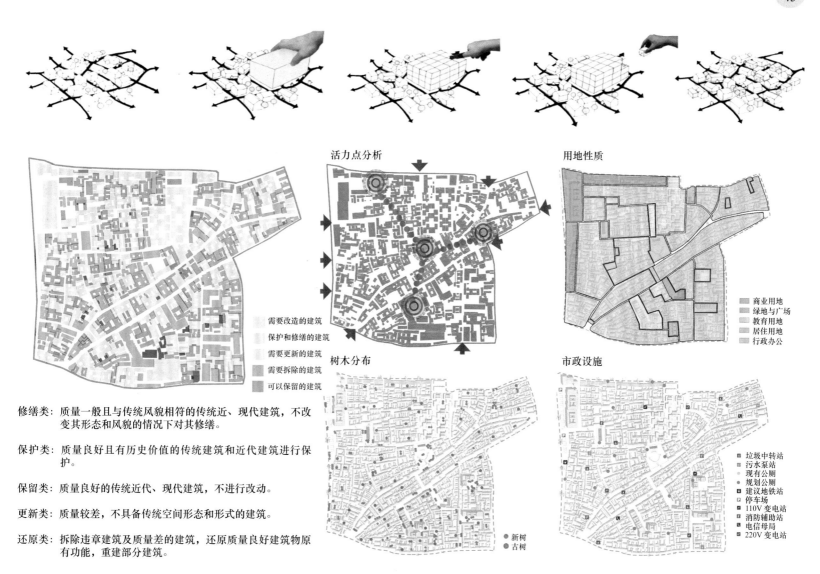

活力点分析

用地性质

需要改造的建筑
保护和修缮的建筑
需要更新的建筑
需要拆除的建筑
可以保留的建筑

商业用地
绿地与广场
教育用地
居住用地
行政办公

树木分布

市政设施

修缮类：质量一般且与传统风貌相符的传统近、现代建筑，不改变其形态和风貌的情况下对其修缮。

保护类：质量良好且有历史价值的传统建筑和近代建筑进行保护。

保留类：质量良好的传统近代、现代建筑，不进行改动。

更新类：质量较差，不具备传统空间形态和形式的建筑。

还原类：拆除违章建筑及质量差的建筑，还原质量良好建筑物原有功能，重建部分建筑。

新树
古树

垃圾中转站
污水泵站
现有公厕
规划公厕
建议地铁站
停车场
110V 变电站
消防辅助站
电信母局
220V 变电站

设计说明：

该广场位于景观轴节点上，通过铺装和设计要素，使得景观广场与建筑建立起强烈的视觉联系。在乔木的种植上选择木兰，木兰提供了一个宜人微气候环境，同时也是广场两个区域间的视觉中心点。这两个区域中，石材地面的地方较高，木材地面的地方较低，功能上，一个是景观轴的重要节点，一个是为当地居民提供的休憩空间，另外也是基地内道路中的重要通行空间。

视线分析

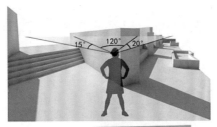

石墙的高度不同，影响人的视线范围，形成不同的景观效果

广场效果图

功能分区

图例
行走空间
停留空间
绿化空间

交通流线

图例
交通流线

总平面图1:300

项目概况：西海地区位于北京西城区，西海位于整个什刹海的最北侧。主要由西海以及周围一圈的居民建筑，构成整个西海地块。西海地区是一个拥有悠久历史文化传承且拥有良好的地理条件的地区。历史上北京城旧城区分不同区域，有居住区，有商业区，以前这两个地方都是居住区，可是保护开发后却变成了商业街，临街都是店铺，脱离了原先的味道。

项目特点：

（1）继承优良传统，充实活动内容；（2）保护文物古迹，展现古都风貌；（3）坚持市井民俗，再现城市园林；（4）近期现实可行，远期理想美好；（5）全面综合规划，讲求实际效益。

设计方案：

保护传统风貌——保护反映古都历史特征与传统风貌的四合院住区与周边景观风貌；

弘扬历史文化——保护代表古都传统特色的四合院文化，宣传并弘扬传统中的文化内涵；

整治景观环境——在保护的基础上，政治保护区建筑风貌、街巷景观，以使保护区整体格局保持历史环境的协调统一；

加强地方特色——逐步整治改善保护区的风貌特征，保存固有的社会网络，保护本区的自然环境，保护地方文化；

提高生态质量——尊重本区自然生态地理特点的原则，在建筑格局、植被配置等方面结合原有历史景观特征，力求恢复提高原有生态环境质量。

2.1.4 西海历史街区更新改造 | 2018 北京

4

历史沿革

永定河古道留下的坑洼，地下水汇集之后成为水塘。原为西涯，"西涯"这个名称是清代著名学者、文学家法式善经过多方考证，得出"至于西涯，则今之积水潭无疑"的结论。

元末明初

元末明初，积水潭水源上游的村庄、人口增加，大量开垦，导致河道淤塞，积水潭的来水渐渐减少；另一方面，明代建的皇城将流经元代皇城东墙外的运河圈入，以保证皇家用水，水路被切断。作为京杭大运河的北端点的积水潭也与京杭大运河没有了关系。不通航后，积水潭的大通桥的水系渐渐干涸，到民国时修马路就填上了。此后，大运河运输来的物资，一般都到通州便弃舟，改用马车运进朝阳门。

元朝

元朝时的积水潭包括今天的前海、后海、西海三湖，总水域比三个湖还要大不少。这条河道解决了运粮问题，而且还促进了南货北销，进一步繁荣了大都城的经济。全国的物资商货集散于积水潭码头，使东北岸边的烟袋斜街和钟鼓楼一带成为大都城中最为繁华的闹市。除了商贾云集，也汇聚了四方游人骚客，充分显示了京杭大运河的活力和影响力。

明清

从明清开始，积水潭慢慢转化成了贵族、文人游赏的地方，失去了漕运的功能，但由于鼓楼就在附近，积水潭附近仍是人口密集，保持着前朝的繁华。

地理区位

历史影像图

2001 年西海影像图

2010 年西海影像图

2019 年西海影像图

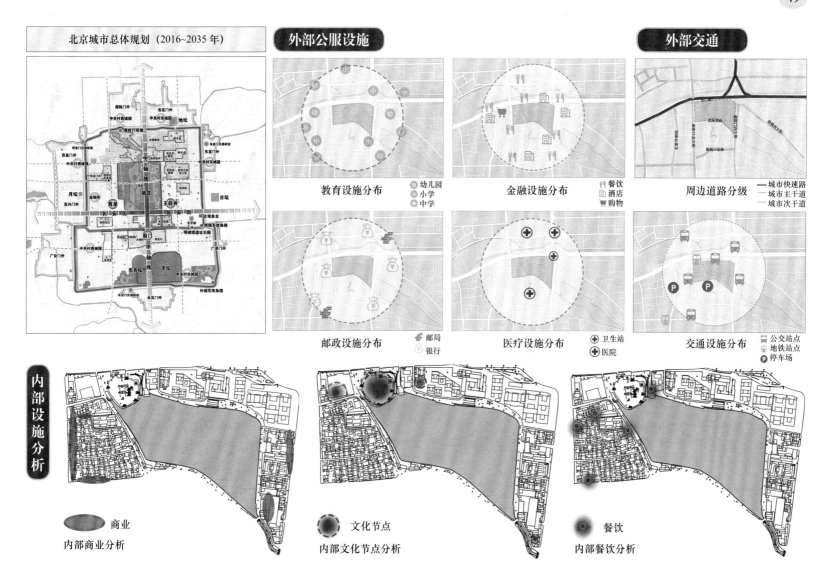

北京城市总体规划 (2016~2035年)

外部公服设施

外部交通

教育设施分布　　幼儿园　小学　中学

金融设施分布　　餐饮　酒店　购物

周边道路分级　　城市快速路　城市主干道　城市次干道

邮政设施分布　　邮局　银行

医疗设施分布　　卫生站　医院

交通设施分布　　公交站点　地铁站点　停车场

内部设施分析

商业
内部商业分析

文化节点
内部文化节点分析

餐饮
内部餐饮分析

内部基地分析

二类居住用地	三类居住用地
B11 零售商业用地	B14 旅馆用地
B2 商务设施用地	B13 餐饮用地
A2 文化设施用地	A21 展览设施用地
公园绿地	文物古迹

用地性质分析

不规则民院
规则民院
不规则商院

院落分布分析

公园绿化
湖边绿化
庭院绿化
行道树

基地绿化分析

内部道路分析

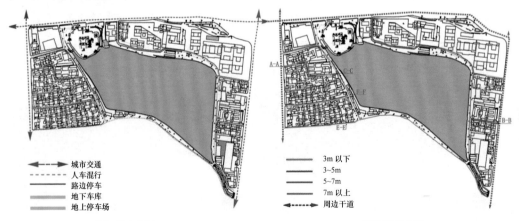

城市交通
人车混行
路边停车
地下车库
地上停车场

内部道路分析

3m 以下
3~5m
5~7m
7m 以上
周边干道

道路宽度分析

西海地区以居住用地为主，其中又以三类居住用地占据主导地位，居于地块东西两侧。一些原有的文物保护单位都在后期改造为民居，因此该地区保存完整的文物保护单位很少。现存的郭守敬纪念馆被西海地区的主要景观节点所包含，公园绿地在该地区以带状绿化为主要呈现模式，围绕着西海，在居住用地内部几乎没有什么绿化景观以及公共活动空间。地块的北侧，用地性质杂乱，既有半开放的私人会所，也有开放的展览馆，同时也有私密的私人住宅。

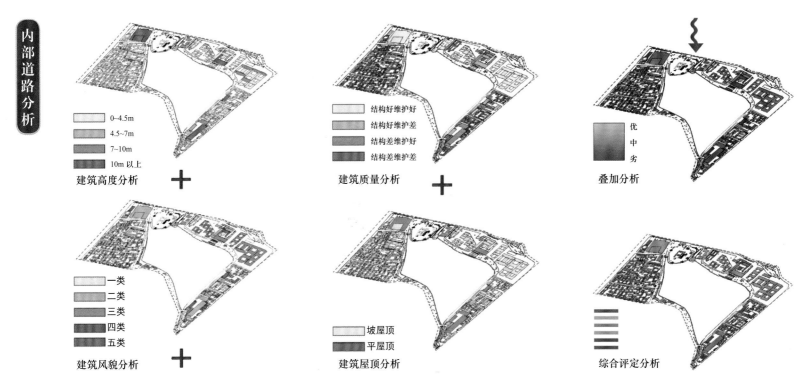

内部道路分析

0~4.5m
4.5~7m
7~10m
10m 以上
建筑高度分析
+

结构好维护好
结构好维护差
结构差维护好
结构差维护差
建筑质量分析
+

优
中
劣
叠加分析

一类
二类
三类
四类
五类
建筑风貌分析
+

坡屋顶
平屋顶
建筑屋顶分析

综合评定分析

　　西海地区传统历史街区以低层建筑为主，一层建筑主要分布在传统肌理的胡同街巷中，二层建筑零星地分布在一层建筑当中。其中还有部分三层及以上的商业建筑分布在整个地块当中。但是整个西海地区都是以低层建筑为主要群体。

　　建筑质量一般偏差，地块内以 R2、R3 建筑质量为主。除了一些私人宅院以及具有历史文化价值的保护院落外，大部分居民建筑质量都比较差，虽然建筑外貌看起来比较整洁，但院落内部建筑却失于结构维护，质量、结构维护普遍不好。

　　风貌一类建筑在整个地块分布较少，主要是文保单位，或是挂牌的保护四合院建筑。风貌二类建筑以保存较为完好的四合院为主。风貌三类建筑以一些加建、改建现象较为严重的四合院建筑为主。风貌四类建筑分布在地块北侧。风貌五类建筑数量较少，零星分布。

　　西海地区建筑屋顶带有坡屋顶的传统建筑为主要建筑群体，其中民居基本上都是坡屋顶作为主要建筑模式，少量的平屋顶几乎都是一些两层以上的建筑，其功能大多数是商业建筑，整个空间分布呈零星式分布。

调查问卷分析

思考：在该地区，人们普遍认为其有着深厚的文化底蕴，但同时又存在交通混乱情况。可以根据这两点，在后期设计中不仅要解决其缺点，也要发扬其优点。在访谈中，居民希望该地区改造成以综合服务为主的居住区，而游客则比较希望该地区改造成以传统文化为主的文化区。为了解决游客与居民之间的矛盾，我们需要引入一些新元素，让游客与居民共生。如何营造一个舒适的居住区以及怎样打造居民与游客的共生是我们设计的主要问题。

规划结构分区

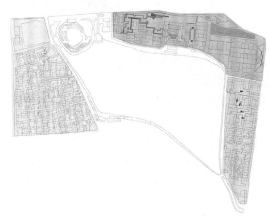

居民信息：西海地区居住人群多是中老年为主的居住群体，年龄集中在40~60岁，主要是两人或三人居住为主。

居住信息：居民在这里居住的时长多数都是10年以上的居住时间，且房子都是私房为主。

根据规划区各个地段的不同历史特点，结合区域未来发展方向，将该地块划分为相应的特色分区。

（1）传统居民居住区——北起小铜井胡同，南至板桥头条，西起新街口北大街，东至西海沿岸。该区是西海地块的居民居住区，除了西侧沿新街口北大街的一侧有商业建筑，其余建筑多是居民建筑。因此，在不破坏原有土地性质的前提下，将其定义为居住区。

（2）文化步行街——北至红线区域，南至西海沿岸北侧，东起德胜门内大街，西至西海湿地公园。该地段在不破坏原有建筑肌理的同时，增添公共空间，改变建筑原有功能，发展成一条具有深厚的文化底蕴的文化步行空间。

（3）传统院落发展区——北至文化步行街，南至西海南沿，东至规划红线，西至西海东沿。我们在保留原有肌理的同时，开放院落，形成一条共生院发展区。

未来构想

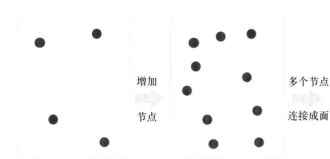

增加 → 节点

多个节点 → 连接成面

串联 节点

连接 全区

场地地块 —— 问题 →
(1) 业态单一，功能分散
(2) 东西两侧缺乏活力
(3) 外来游客数量较少

现有磁性节点 →
点：地块缺乏点状空间
线：西海一圈景观带
面：北侧湿地公园以及休闲公园

解决 →
打造新流线
营造新节点
连接多片区

参观
外来人流 ⟩⟩⟩ 文化片区 ⟨⟨⟨

商业观光 内部人流
外来人流 ⟩⟩⟩ 共生片区 ⟨⟨⟨ 激发片区内部活力

就业娱乐 内部人流
外来人流 ⟩⟩⟩ 居民片区 ⟨⟨⟨ 引导外来人流

休闲娱乐

磁性空间

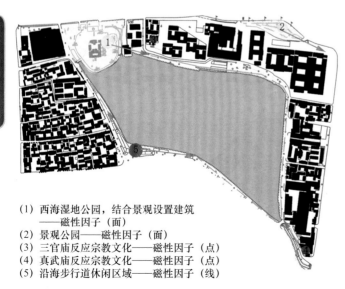

(1) 西海湿地公园，结合景观设置建筑
　　——磁性因子（面）
(2) 景观公园——磁性因子（面）
(3) 三官庙反应宗教文化——磁性因子（点）
(4) 真武庙反应宗教文化——磁性因子（点）
(5) 沿海步行道休闲区域——磁性因子（线）

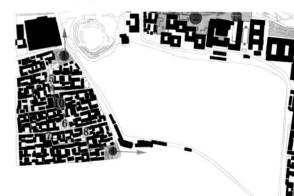

(1) 居民区广场——磁性因子（面）
(2) 阶梯广场——磁性因子（面）
(3) 文化馆休闲区域——磁性因子（面）
(4) 居民区广场——磁性因子（面）
(5) 框景花园——磁性碎片（点）
(6) 微杂院——磁性因子（点）
(7) 展览室——磁性因子（点）
(8) 儿童活动空间——磁性因子（点）
(9) 共生院——磁性因子（点）
(10) 生活空间带——磁性因子（线）
(11) 共生轴线——磁性因子（线）
(12) 文化步行道——磁性因子（线）

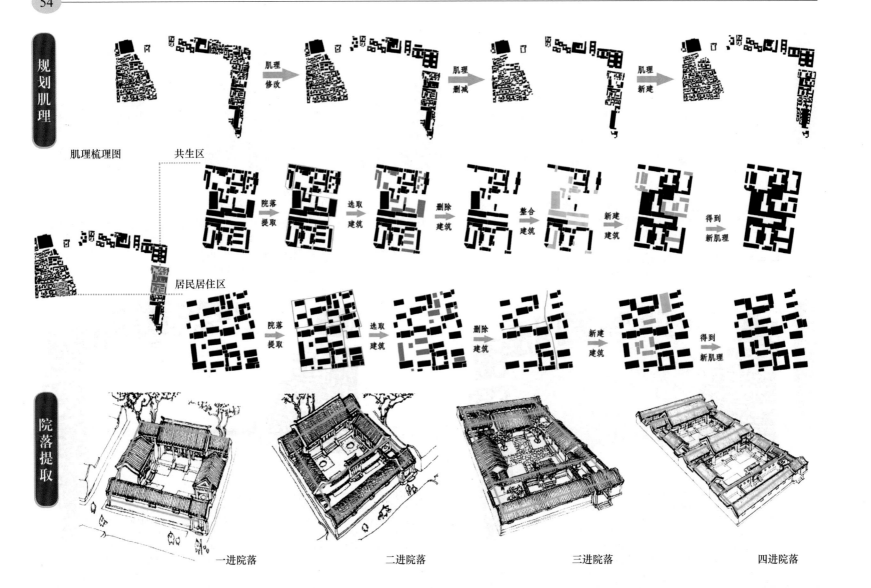

规划肌理

肌理梳理图　　共生区

肌理修改　　肌理删减　　肌理新建

院落提取　选取建筑　删除建筑　整合建筑　新建建筑　得到新肌理

居民居住区

院落提取　选取建筑　删除建筑　新建建筑　得到新肌理

院落提取

一进院落　　　　　　二进院落　　　　　　三进院落　　　　　　四进院落

规划院落形制

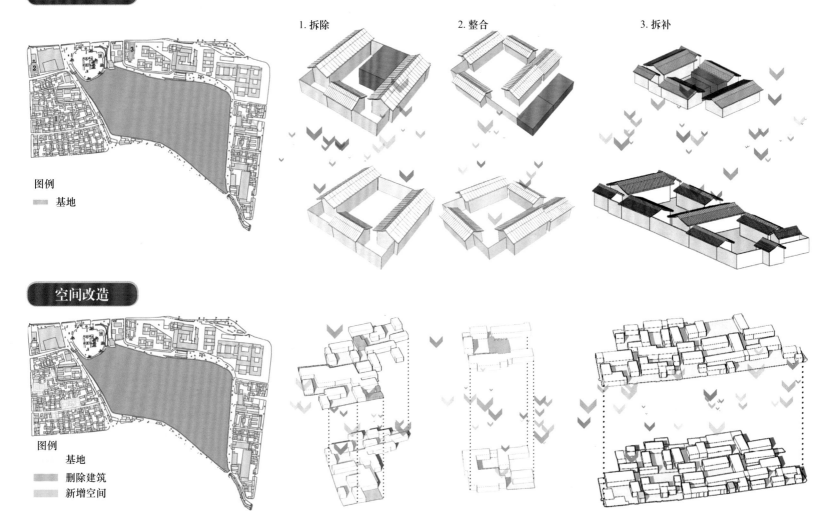

1. 拆除   2. 整合   3. 拆补

图例

▬ 基地

空间改造

图例

基地

▬ 删除建筑

▬ 新增空间

总平面图

总平面图 1:1000

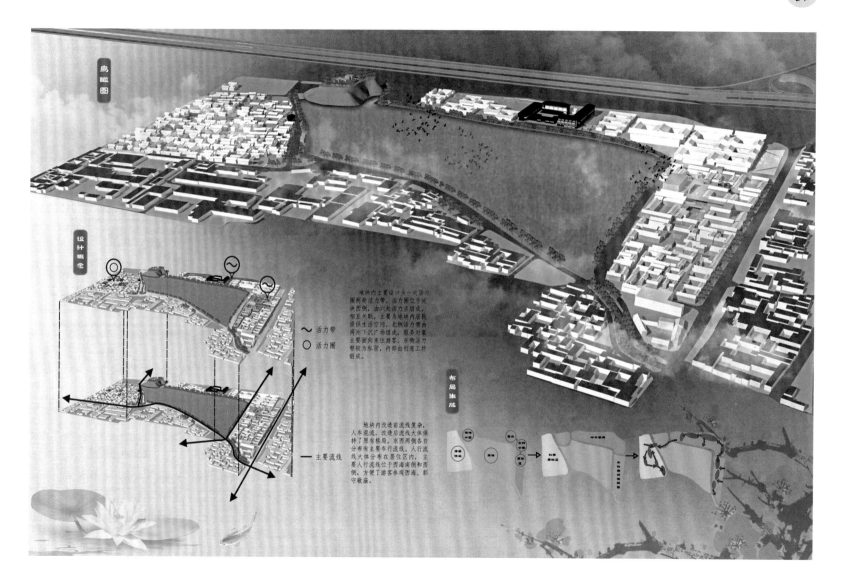

鸟瞰图

设计概念

地块内主要设计为一处活力圈两处活力带。活力圈位于地块西侧，由六处活力点组成，相互关联，主要为地块内居民提供生活空间。北侧活力带由两片下沉广场组成，服务对象主要面向本住游客。东侧活力带较为私密，内部由创意工坊组成。

∿ 活力带
○ 活力圈

— 主要流线

布局生成

地块内改造前流线复杂，人车混流，改造后流线大体保持了原有格局，东西两侧各自分布有主要车行流线。人行流线大体分布在居住区内，主要人行流线位于西海南侧和西侧，方便了游客参观西海、郭守敬庙。

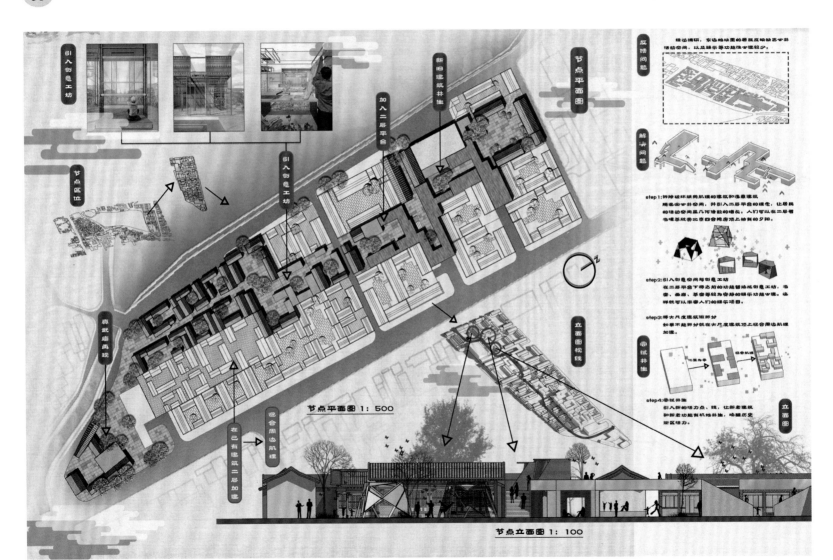

节点平面图 1:500

节点立面图 1:100

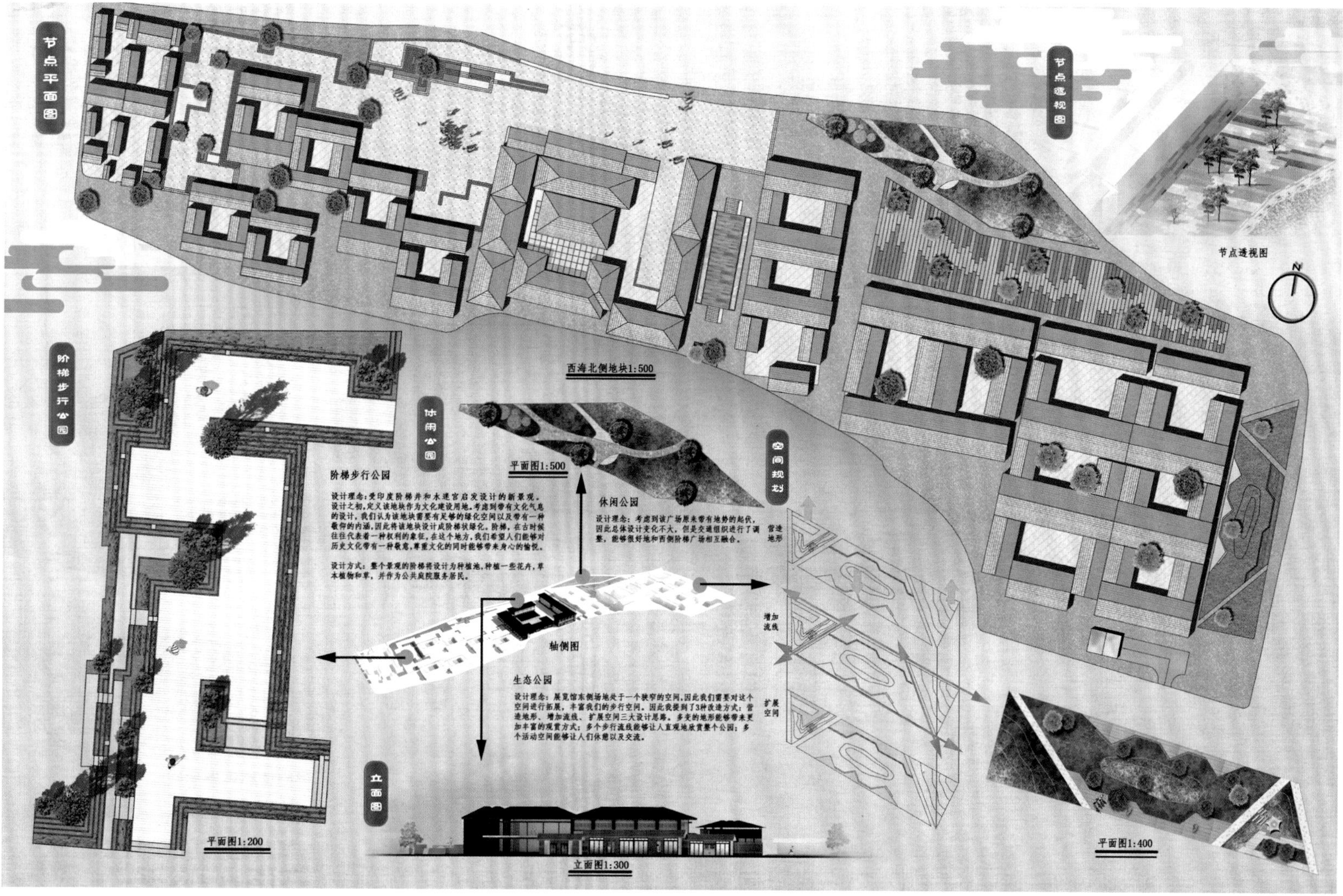
节点平面图
节点透视图
节点透视图
西海北侧地块1:500
阶梯步行公园
休闲公园
平面图1:500
空间规划
阶梯步行公园
设计理念：受印度阶梯井和水道宫启发设计的新景观。设计之初，定义该地块作为文化建设用地。考虑到带有文化气息的设计，我们认为该地块需要有足够的绿化空间以及带有一种敬仰的内涵，因此将该地块设计成阶梯状绿化。阶梯，在古时候往往代表着一种权利的象征，在这个地方，我们希望人们能够对历史文化带有一种敬意，尊重文化的同时能够带来身心的愉悦。
设计方式：整个景观的阶梯将设计为种植池，种植一些花卉，草本植物和草，并作为公共庭院服务居民。
休闲公园
设计理念：考虑到该广场原来带有地势的起伏，因此总体设计变化不大，但是交通组织进行了调整，能够很好地和西侧阶梯广场相互融合。
营造地形
增加流线
扩展空间
轴侧图
生态公园
设计理念：展览馆东侧场地处于一个狭窄的空间，因此我们需要对这个空间进行拓展，丰富我们的步行空间。因此我提到了3种改造方式：营造地形、增加流线、扩展空间三大设计思路。多变的地形能够带来更加丰富的观赏方式：多个步行流线能够让人直观地欣赏整个公园；多个活动空间能够让人们休憩以及交流。
立面图
平面图1:200
立面图1:300
平面图1:400

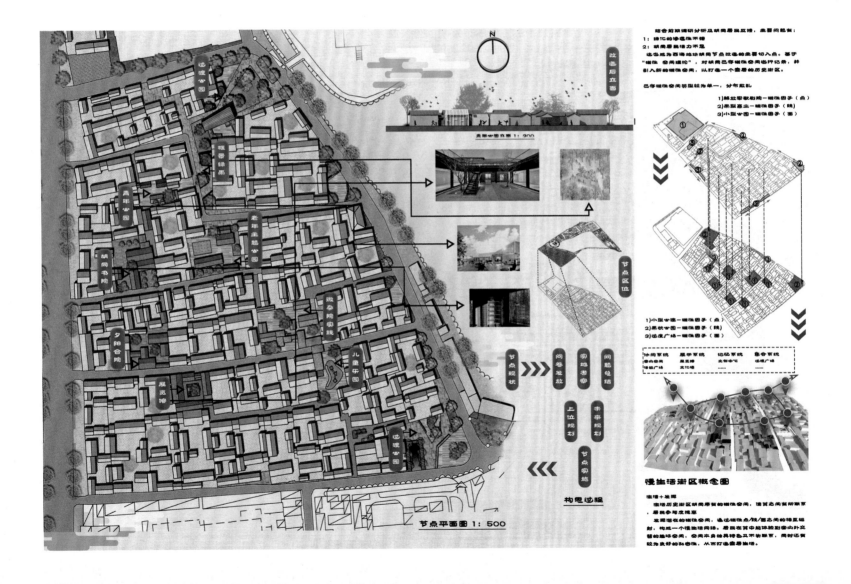

2.1.5
前海东沿
历史街区
改造设想

2018
北京

5

　　建设现代化城市是当今城市发展普遍追求的目标。城市是一种历史文化现象，因此，城市现代化离不开文化。城市文化是现代化的根基，是城市的气质。每个时代都在城市中创造与留下自己的痕迹。保护历史的连续性，保留城市的记忆，保留可贵的历史文化遗产是人类现代文明发展的必然要求，是具有历史意义和战略意义的重大问题。

　　历史文化名城不只是看城市的历史长短，而在于它承载的优秀的地域文化和民族文化，关键是要看其保存有多少丰富的有价值的历史遗产。而且名城的现状格局和风貌应保有历史特色，具有成片的历史街区。

　　历史文化名城中的历史街区保护，除了要保护有形的、实体的内容外，还要保护无形的、传统的、原生态文化。所谓原生态文化是指由民众创造并拥有的在民众中自然传衍着的文化形态。也就是说，要继承和发扬优秀的在特色地域中生长的历史文化。如民间艺术、民俗精华、民间工艺、传统戏剧、音乐等。

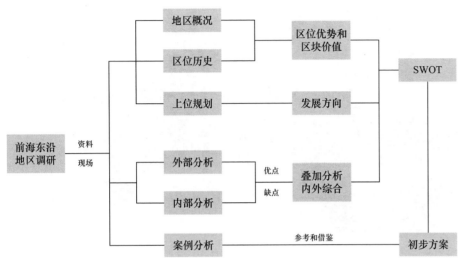

·调研过程与步骤

第一部分：什刹海地区的概况、区位以及历史沿革。

第二部分：选定地块的周边分析，包括道路交通、用地性质等。

第三部分：选定地块的内部分析，包括建筑景观绿化、功能分区、活力点、道路交通等。

第四部分：对地块内的居民和游客进行访谈，并分发调查问卷。

第五部分：寻找相关案例加以分析，并提出该地块的初步规划改造方案。

·北京城市总体规划

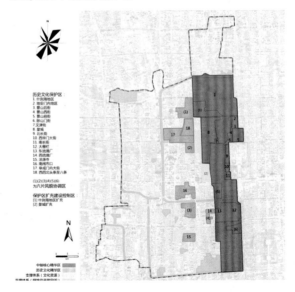

·什刹海规划

不同主体改造地块分布

什刹海地区 2002~2012 年改造地块

·五点发展规划建议

（1）认真研究准确把握符合核心区需求的发展方向，增强区域建设发展的针对性和科学性；

（2）做到辖区发展与历史文化名城保护相结合，保留传统街区风貌与文化，打造舒适典雅慢生活；

（3）进一步做好人口疏解工作，合理利用好已经完成腾退的整体院落；

（4）采取新建、改建立体停车场等方式增加土地利用率，解决什刹海地区停车难问题；

（5）加大什刹海地区无照游商整治力度，逐步改造、提升区域商业质量，全面提升辖区环境水平。

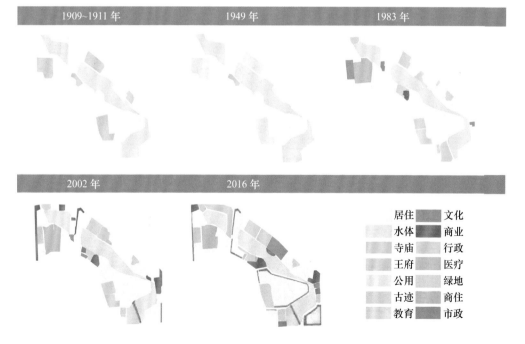

· **文化类型**

文化类型	简 介	现 状
运河文化	京杭大运河是历史上里程最长、工程最大的古代运河，也是最古老的运河之一，是世界文化遗产。起点是杭州，终点便是北京的什刹海	水域略有缩小，什刹海已不作为码头，但刻有石碑，缺乏文化体现
宗教文化	什刹海地区有诸多寺观和宗祠，如火神庙、广福观、广化寺、龙华寺等，以道教、佛教为主	大部分寺庙对外开放，不少寺庙在特殊日子举办宗教活动，如火神庙在中元节会放河灯、放生
商业文化	由于运河码头而发展起来的商业文化，以烟袋斜街最为古老，主要是餐饮和零售，并向周围渗透发展	商业趋于饱和但缺乏多样性，地安门外大街的沿街商业也早已发展成型
皇家文化	什刹海可以说是皇家的花园，这里也有很多清代王府，比如醇亲王府、恭王府	王府大多是文保单位，保存完整维护良好，部分对外开放
建筑文化	历史上由于政治中心的迁移这里逐渐形成居住区，合院是基本形式，四合院最为著名。居住区的扩大也形成了胡同文化	经过多次更新改造不少建筑都被修缮，立面也统一改造，也有的被拆除。但一些建筑仍没有得到好的维护
名人文化	历史上许多名人曾在此居住，如萧军、张之洞、郭沫若、宋庆龄等，还有一些故居遗址	大部分名人故居得到较好的保护，曾被多次修缮，并对外开放
休憩文化	什刹海水域宽广，在历史上也是一个外出游玩的好地方，有多处和游憩有关的功能建筑	在什刹海上可见夏天游船，冬天滑冰，丰富的文化和旅游业的发展吸引了大量游客，附近居民也会来这里游憩，游憩设施逐渐完善
传统技艺	这里有像兔爷、扎风筝、泥塑彩绘脸谱、刀马人等多种传统技艺，还有京剧、茶道、相声等	实际上像兔爷、刀马人这样的手艺越来越没落，只有一间铺子，传承甚少

| 运河文化 | 宗教文化 | 商业文化 | 皇家文化 | 建筑文化 | 传统技艺 |

·周边公服分析

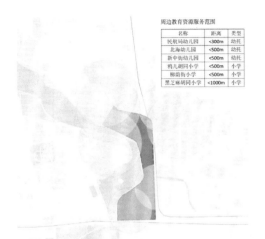

周边教育资源服务范围

名称	距离	类型
民航局幼儿园	<300m	幼托
北海幼儿园	<500m	幼托
新中街幼儿园	<500m	幼托
鸦儿胡同小学	<500m	小学
柳荫街小学	<500m	小学
黑芝麻胡同小学	<1000m	小学

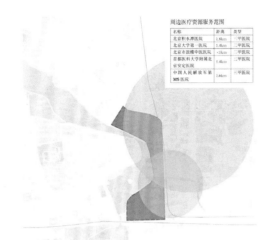

周边医疗资源服务范围

名称	距离	类型
北京市积水潭医院	1.8km	三甲医院
北京大学第一医院	1.4km	三甲医院
北京市鼓楼中医医院	<1km	三甲医院
首都医科大学附属北京安定医院	1.4km	三甲医院
中国人民解放军第305医院	1.6km	三甲医院

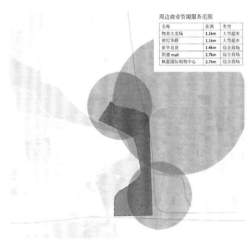

周边商业资源服务范围

名称	距离	类型
物美大卖场	1.1km	大型超市
世纪华联	1.1km	大型超市
新华百货	1.4km	综合商场
凯德mall	2.7km	综合商场
枫蓝国际购物中心	2.7km	综合商场

地块内部及附近（1km 以内）以小学和幼儿园居多，幼儿园有民航局幼儿园、北海幼儿园、新中街幼儿园等，小学有鸦儿胡同小学、柳荫街小学、黑芝麻胡同小学等，没有初中、高中。总体来看这些教育资源主要分布在地块北部及其附近，南部只有两个幼儿园，相对分布不均匀。地块内部没有小学，只有南部有一个幼儿园，紧挨北边有一个幼儿园。

地块周围（2km 以内）共有 5 家医院，其中最近的是北京市鼓楼中医医院，是一所二甲医院，其余四所均在 1km 以上，且都是三甲医院。另外在地块南部的地安门外大街沿街，还有一家社区诊所和一家药店，可为当地居民提供初级的服务。可以说，地块周围的医疗资源相对充足。

除去小型超市和商店，地块及其周围（3km 以内）商业资源较为充足，有两个大型超市和三个综合商场，地块南部和北部各有一个大型超市。而在地块内部，万年胡同旁，还有一个大型商场，可同时服务于游客和当地居民。由此来看，这些商业资源是可以满足当地居民的物质需求的。

幼儿园

小学

药店

健康服务中心

沿街商业

商业街

建筑肌理　　　　　　　　　　　　　　　　　　　　　道路肌理

　　地块以及周边地区整体上延续了明清时期的肌理，大体结构也与明清时期相近，这片区域的胡同也全都存续下来，即使近年来什刹海地区做过多次更新和改造，也没有变动其肌理，只是提升了整体风貌。从两幅黑白肌理图中不难看出大街小巷贯穿其中，尤其是烟袋斜街、白米斜街、大石碑胡同、小石碑胡同、鸦儿胡同这些较宽的胡同辨识度极高，滨水建筑也都平行于堤岸排列。由于金丝套地区街巷路网相较于其他地方密集，窄巷又多，尽管它院落相对规整，但胡同肌理仍旧不容易分辨。与居民建筑相比，商业建筑的体量也要大上许多，地块内的地安门商场体量最大，不仅影响风貌，也影响了历史街区的肌理。

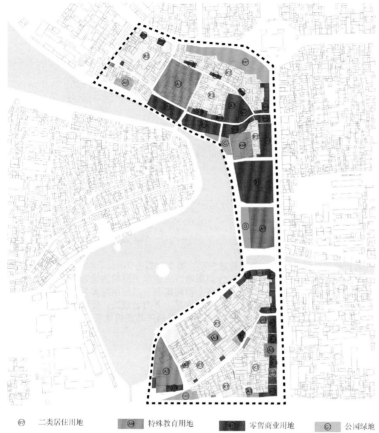

绿地及广场用地

居住用地

宗教设施用地

商业用地

⊖	二类居住用地	A₄	特殊教育用地		零售商业用地	G	公园绿地
⊖	三类居住用地	A₅	医疗卫生用地		餐饮用地	E	空闲地
A₁	行政办公用地	A₆	医院用地		旅馆用地	E	空闲地
A₂	图书、展览设施用地		卫生防疫用地		艺术传媒用地		
A₃	教育科研用地	A₇	文物古迹用地		社会停车场用地		
	中等专业学校用地		宗教设施用地		通信设施用地		
A₈	中小学用地		商业设施用地	G	绿地与广场用地		

· 用地现状

　　地块整体上主要用于居住，由于旅游业的发展带动了商业，商业总体上趋于饱和，北部以烟袋斜街为基础的商业向周围渗透，同时整个地块沿着地安门外大街、前海北沿，也有条状的沿街商业分布，在居住区内部，商业则以散点形式分布，还有一些是服务于居民的小超市。除了市级的文保单位，还有像张之洞、萧军故居这样的历史建筑。医疗是以诊所和药店的形式存在，没有大型医院，教育主要是幼儿园，北部临近一所，南部一所，还有一所大学分校在万年胡同旁。虽然地块背靠丰富的历史文化背景，但是文化产业设施并不多。在北部中心区域有一处大的办公区域，南部有零散的行政办公区域。

·建筑风貌

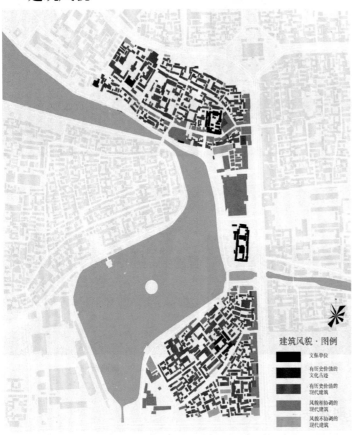

·建筑高度及层数

历史街区都有着严格的建筑限高，一般不超过三层，很少有高于 10m 以上的建筑，这也是为了很好地保护历史街区原本的风貌不受破坏。什刹海地区主要以一层的建筑为主，大部分在当地的普通居民区内部，以住宅建筑为主，分布在各个胡同街巷。二层建筑多为沿街的商业、餐饮店铺。还有一些名人故居也是二层建筑。三层建筑少见，多为老建筑，受限高影响，新的三层及以上的建筑很难出现。现在，由于功能的需要，那些非居住功能的建筑，例如商业、医疗、教育等建筑，会比相同层数的居住建筑高一些。

·建筑屋顶

建筑的屋顶有坡屋顶和平屋顶两种形式，基本上所有的民居建筑，也就是大部分的一层的建筑，都是坡屋顶的形式。由于规划上对高度的要求，大部分的二层、三层的建筑，都是平屋顶的形式。与普通的平屋顶不同的是，什刹海地区的这些平屋顶，为了与周围建筑相呼应，在风貌上相协调，在檐部都会加一个斜沿。

风貌共分五级，其中文保单位有两处，分别是广福观和火神庙；有历史价值的古建筑有张之洞故居、萧军故居以及湘海楼；具有历史价值的现代建筑，例如庆云楼，这一级别也占了很大一部分；与风貌相协调的现代建筑就是沿街的一些商业店铺，为了与历史街区呼应从而建成了仿古建筑，但万年胡同旁的商场体量太大，也影响了风貌；与风貌不协调的建筑，在后来我们可能会考虑拆除、重建或者改造立面。

·绿化分析

什刹海历史街区的建筑布局整体呈高密度、低容积率的形态，因此在街巷内部少有绿化布置。这一区域的绿化主要集中在临水的步行道两侧，以列植的行道树的形式出现，年代久远，这些行道树（杨树）都非常高大。在后海北沿和火神庙两侧，有成片的绿地，以草坪和灌木的形式出现，寺庙周围有松树。除此以外，在寺观和大院内部也有一些绿地。在万年胡同和张之洞故居里有古树，巷子里有一些生长多年的杨树。整体来说，地块严重缺乏绿化，继续增加绿化面积。

绿化分布·图例

灌木
乔木
古树

· 视景分析

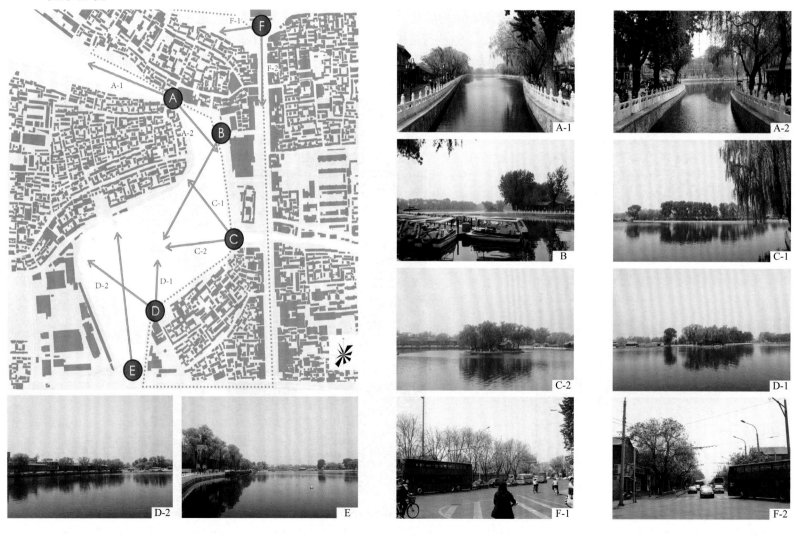

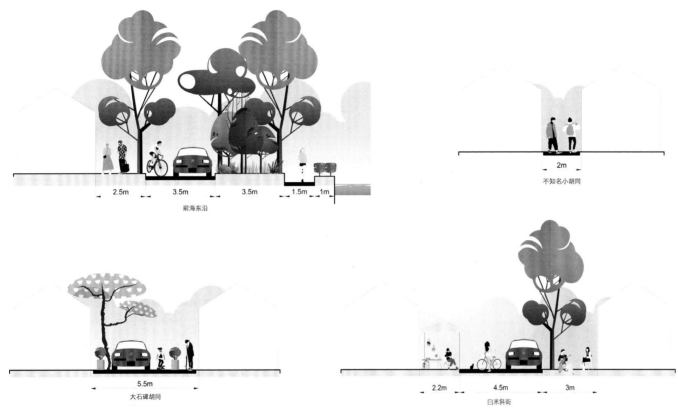

2.5m 3.5m 3.5m 1.5m 1m
前海东沿

2m
不知名小胡同

5.5m
大石碑胡同

2.2m 4.5m 3m
白米斜街

·街道剖面

在地块内部，有很多不同尺度和不同长度的街巷，这些街巷都是历史上居住区逐渐发展的产物。有的宽到可容机动车并排通过，有的仅容两人通过。我们提取了部分街巷的剖面，最宽的是前海东沿地区的沿海街道，有双行机动车道和人行道，还有沿海的游览人行道，中间夹有较宽的绿化带。有一条比较特殊的胡同没有名字，它连接了烟袋斜街与沿河大街，D/H 比较小，然而还有更小的，比如杨俭胡同，非常窄，两侧建筑又有两层之高。白米斜街宽的地方路面宽约 4.5m，但其两侧又有其他铺装，宽的可以停放机动车，窄的一侧可以停放非机动车，这样的布置也缓解了老城区居民停车紧张的问题。

·街巷尺度

·白米斜街

白米斜街是一个典型的生活型街巷，从东北与地安门外大街相接，一直到西南与地安门西大街相接，整体呈曲线形式，在张之洞故居前有明显的收放，其余地段也较为宽阔，有的地方一旁可以做停车位使用，还可以作为居民聊天娱乐的地方。

·烟袋斜街

烟袋斜街是典型的商业型街巷，从地安门外大街鼓楼附近进入，一直到小石碑胡同，在广福观前有明显的收放，与白米斜街不同的是，这里有大量的两层建筑，而白米斜街基本上都是一层，它的 D/H 比要比白米斜街小很多。

院落类型分布·图例

■ 二进院
■ 一进院
□ "U" 形
□ "L" 形
□ "二" 形

· 院落是历史保护街区的重要元素，在我们的地块中，院落的形式多种多样，经过长达几百年的发展，院落的形式并不单一，在较为标准的合院形成以后，更多的院落是见缝插针，最终形成了现在的院落分布。地块中的院落形式大致有标准的回字形四合院和二进院，"U" 形的三合院，"L" 形院和 "二" 形院落，还有一些多户居住的大杂院。由于院落加建和改建，使得街巷和院落的形式更加复杂多样。

2) 二进院

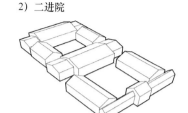

· 二进院。二进院就是在空间较长的一进院的基础上，中间横着增加一栋建筑，将院子分成了前后院，虽然占地面积上要比一进院大，但前院或后院都要比一进院的院落小。两进院在地块中比较常见。

3) "U" 形

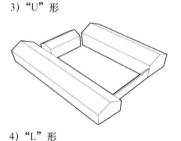

· "U" 形院。也称三合院，东西南北只有其中一个方向没有建筑，为了北房拥有良好的采光，往往是南侧没有建筑，只是设置院墙，院落空间也较为私密，活动空间比二字形院落略大。

4) "L" 形

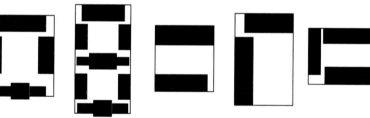

· "L" 形院。东西南北中有两个方向没有建筑，是院墙或者邻居家的房屋，院落整体规模较小。在中央形成了一个相对较大的院子，倚靠两面院墙，可利用空间较多。

1) 一进院

· 一进院。顾名思义，就是一进去就是整个院子，四面都有建筑，是比较典型的四合院，一般呈方形，有较高的完整性，但在地块中并不多。这样的院落有较高的私密性，中间活动空间较大，也有些院落中间会再建一个建筑，虽然活动空间变小，但是增加了趣味性，也增加了院落的储物空间。

5) "二" 形

· "二" 形院。大部分二字形院落南北方向各有一栋建筑而东西没有，往往是因为空间不足导致，没有东西厢房会让院落拥有像一进院那样的空间，东西两侧是墙或者邻居家的房屋，但一些二字形院落中间却过于狭窄，只留一条通道。

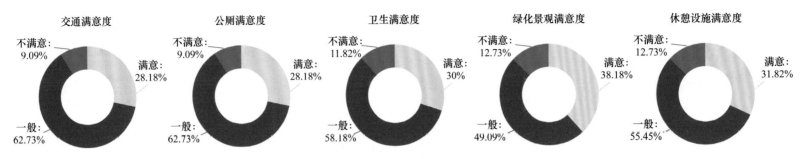

· 调研小结

游客

（1）休息区不足：后海北沿的路边座椅不太理想，又很少有片状的景观节点可供休息，遇到不错的休息地点又会有很多人，没有地方。

（2）导游标识不足：很多地方缺少导游标识，自己游览就算利用导航也不知道往哪里走更好。

（3）旅游带动商业：商业应当随着旅游业发展，不应该过多，够用就好。

（4）古建筑保护良好：文保单位、历史建筑都十分完整，修旧如旧维护又好，街道立面也比较统一，是一个历史保护区应有的表现。

（5）环境好：卫生环境较好，水体也比以前清澈，道路绿化也非常到位，休息的地方也有遮阴。

（6）注重文化的发展：背靠丰富的历史文化却没有多少文化相关产业或宣传，应注重文化。

居民

（1）属于居民的公共空间不足：居民活动空间本就不足，大量的游客又抢占居民的空间，同时也缺少室内的活动空间。

（2）便民设施不足：即使商业发展得很好，但基本是服务于游客的，针对居民的小商业略显不足，其余类如 ATM、活动中心、老年健身设施等便民设施的缺乏也使得居民生活体验较差。

（3）商业发展过度：原本除了烟袋斜街和地安门外大街之外，没有过多的商业，近年来游客的增加使得商业持续发展，扰乱了居住区的原有秩序。

（4）人文气息不足：过快的发展使得人文气息丧失，原本的邻里关系、风土人情所剩无几。

（5）老街风貌难寻：虽然近年来一直在保护改造和更新，但同时也让原本的风貌不复存在，一些景象只存在于当地居民的记忆中，最好恢复当年的皇城风貌。

（6）游客打扰居民生活：旅游业的发展让大量的游客涌入，就难免会与居民产生冲突，明显的就是游客进院、抢占休憩空间、噪声等。

（7）交通拥堵：虽然外地游客少有驾车前来，但大量的人流也给机动车的行驶带来不便。

（8）卫生略差：大量的游客难免产生大量垃圾，还会有异味，大大增加了环卫工人的负担，也使得居民丧失了自觉维护环境的积极性。

（9）发展机遇：发展与改造可以使环境更好，也许遇到腾退拆迁会让自己得到更好的居住环境，目前的传统院落居民的居住环境较差并非什刹海特例。

· 改造思路

在这次调研中，经过搜集资料、实地调研以及案例分析后，我们对接下来的前海东沿地区的规划与更新产生了很多新的想法。最终我们选择从矛盾入手，以解决这片区域内现存的一系列矛盾为规划目标。由于旅游业和商业的发展，对原主要功能为居住的什刹海产生了一定的冲击，从而产生了像文化与商业、新建筑与旧建筑、私密空间与公共空间、现代文化与传统文化、现代商业与传统商业、游客与居民等一系列的矛盾点，另外还有老城区和新城市的矛盾，这就需要通过我们的规划来解决或者缓解这些矛盾，其中游客与居民的矛盾是最直接、最底层也是最大的矛盾，解决这个矛盾已经是迫在眉睫，我们的规划将主要解决这个问题，加以文化宣传，并兼顾其他问题。

居民和游客一天的活动

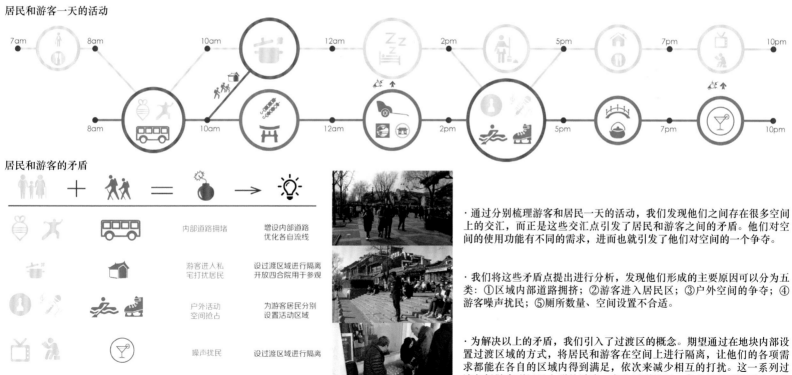

居民和游客的矛盾

内部道路拥堵	增设内部道路优化各自流线
游客进入私宅打扰居民	设过渡区域进行隔离开放四合院用于参观
户外活动空间抢占	为游客居民分别设置活动区域
噪声扰民	设过渡区域进行隔离
厕所排队	在居民区内增设厕所

· 通过分别梳理游客和居民一天的活动，我们发现他们之间存在很多空间上的交汇，而正是这些交汇点引发了居民和游客之间的矛盾。他们对空间的使用功能有不同的需求，进而也就引发了他们对空间的一个争夺。

· 我们将这些矛盾点提出进行分析，发现他们形成的主要原因可以分为五类：①区域内部道路拥挤；②游客进入居民区；③户外空间的争夺；④游客噪声扰民；⑤厕所数量、空间设置不合适。

· 为解决以上的矛盾，我们引入了过渡区的概念。期望通过在地块内部设置过渡区域的方式，将居民和游客在空间上进行隔离，让他们的各项需求都能在各自的区域内得到满足，依次来减少相互的打扰。这一系列过渡包括游客到居民人群的过渡；商业区到景区、商业区到居民区功能的过渡。

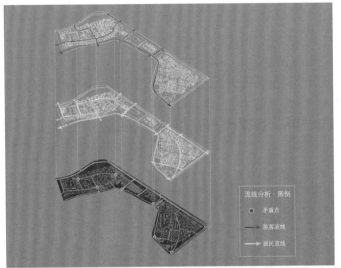

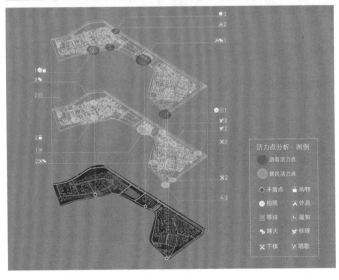

·具体思路

针对这些问题，我们提出了以下几点主要思路，后续的规划将围绕这些思路进行。

（1）尽量分离居民与游客流线：通过景观和空间、商业和节点的引导对游客引流，通过绿化带、景观墙隔离游客与居民。

（2）增加公共空间和便民设施：公共空间不足是空间上的矛盾的主要原因，增加公共空间并将居民活动空间与游客游憩空间区分开来，减少游客对居民活动空间的抢占。在银锭桥附近开辟空间减少对街巷的拥堵和对居民通行的阻碍，充分利用南侧空地设置公共空间和绿化，在居住区内部也增加室内外的活动空间，并增加如小商业、厕所等便民设施。

（3）增强文化宣传：背靠北京强大的历史文化，将万年胡同设置成文化步行街，在其北侧移除功能和风貌不协调的大学分校，结合古树设置文化广场。

（4）提升整体风貌：将风貌严重不符、质量太差和体量太大的建筑进行改造、修缮或拆除重建。将大体量商场拆除新建一个风貌相符、体量小而多、有文化功能的新商场。

（5）增加绿化面积：在增加的或原有的公共空间设置绿化以增加绿地面积，加强景观效果和舒适度。

（6）增强节点之间的联系：利用中心地区的新建古树文化广场，利用景观打造后海北沿、前海南沿的视线通廊，并在古树前建造观景台，打开对鼓楼的观景视线。

（7）优化居住区内部流线和街巷空间：通过规整院落增加或拓宽街巷，增加居民的可达性，同时也为消防提供便利。

（8）设置文化产业带状区域：在南部沿海区域设置带状的有关文化的宣传点和产业，结合绿化，营造与居民区的隔离带，隔断游客对居民的干扰。

（9）打造沿海步行圈：充分利用什刹海滨水空间，既为游客提供游览观赏空间，也为居民散步提供空间。

项目概况：模式口位于北京市石景山区中部，东与琅山村为邻，西至磨石口隘口，与中关村石景山园、首钢高端产业服务区等相邻，拥有良好的地理条件。模式口地块总面积为35.6公顷，历史文保区资源价值高，区域历史文化底蕴浓厚。北京，作为一个具有八百五十多年建都史的城市，历史街区为这座历史悠久的文明古都增添了独特的气质。但是，随着城市城镇化和向心发展的热潮进行，模式口地区总体环境落后，基础设施缺乏，历史遭到破坏。所以，解读模式口自身地方特色，重塑模式口历史文化才是必须解决的现实问题。

项目特点：

（1）坚持旧城保护规划的真实性原则，不大拆大建，在最大程度上保留原肌理，并且考虑到居民的意愿。

（2）正确处理保护整治与更新发展之间的关系，"以保护求发展，以发展促保护"。

（3）遵循"重点保护历史性建筑、普遍改善环境设施、整体保持传统风貌、局部合理改造更新"的方针。

（4）本着"体现特色、重点突出"的原则，充分调查，提出可行的保护管理办法。

设计方案：

（1）坚持旧城保护规划的真实性原则，全力保护规划区域内真实的历史信息，保护历史遗存和原貌。

（2）在保护好历史文化传统的基础上，复兴街区的传统商业活力、改善传统杂院的居住条件、发掘提升区域的整体旅游潜力，以带动整个模式口地区的未来发展。

（3）通过循序渐进、小规模更新的改造方式，逐步提升模式口地区的环境品质、文化传统和商业氛围。

（4）在充分调查的基础上，对地段分类分级，制定针对性、可操作性强的规划控制导则，提出可行的保护政策和管理方法。

2.1.6
模式口地
区保护与
更新 |

2019
北京

6

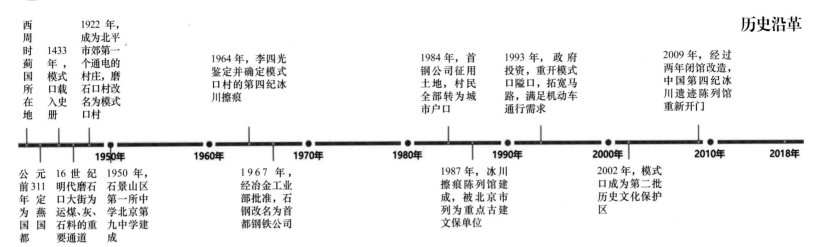

历史沿革

西周时蓟国所在地

1433年，模式口载入史册

1922年，成为北平市郊第一个通电的村庄，磨石口村改名为模式口村

1964年，李四光鉴定并确定模式口村的第四纪冰川擦痕

1984年，首钢公司征用土地，村民全部转为城市户口

1993年，政府投资，重开模式口隘口，拓宽马路，满足机动车通行需求

2009年，经过两年闭馆改造，中国第四纪冰川遗迹陈列馆重新开门

1950年　1960年　1970年　1980年　1990年　2000年　2010年　2018年

公元前311年定为燕国国都

16世纪明代磨石口大街为运煤、灰、石料的重要通道

1950年，石景山区第一所中学北京第九中学建成

1967年，经冶金工业部批准，石钢改名为首都钢铁公司

1987年，冰川擦痕陈列馆建成，被北京市列为重点古建文保单位

2002年，模式口成为第二批历史文化保护区

　　石景山模式口地区原名磨石口，最早为西周时蓟国所在地，一直未有独立的建制，区划不断变动，直到20世纪60年代才最终确定下来。模式口村名的记载始建于明代文献，因生产磨刀石而得名，也有学者认为"它的古名磨石与古燕国的磨室宫有关"。早在曹魏时代，曹操的镇北大将军刘靖就在这里"开拓边守屯据险要"。最早见于记载是在明代万历年间宛平知县沈榜的《宛署杂记》中。清代开始，人们通过它去妙峰山进香。到民国时期，磨石口村成为北平市第一个通电的村庄，汤县长将其改名为模式口。

　　模式口历史遗迹众多，现存法海寺、承恩寺、田义墓三大文保单位，民谚有"法海寺的画工、承恩寺的地工、田义墓的石工"之称，概括了它们各自的特色。中国首座第四纪冰川遗迹陈列馆就坐落在模式口村北的蟠龙山上。此外，模式口的煤窑、古井、民居都具有历史特色。

上位规划图

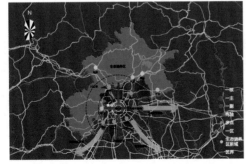

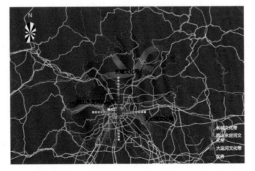

现
状
分
布
图

周
边
综
合
分
析
图

场
地
现
状
分
析
图

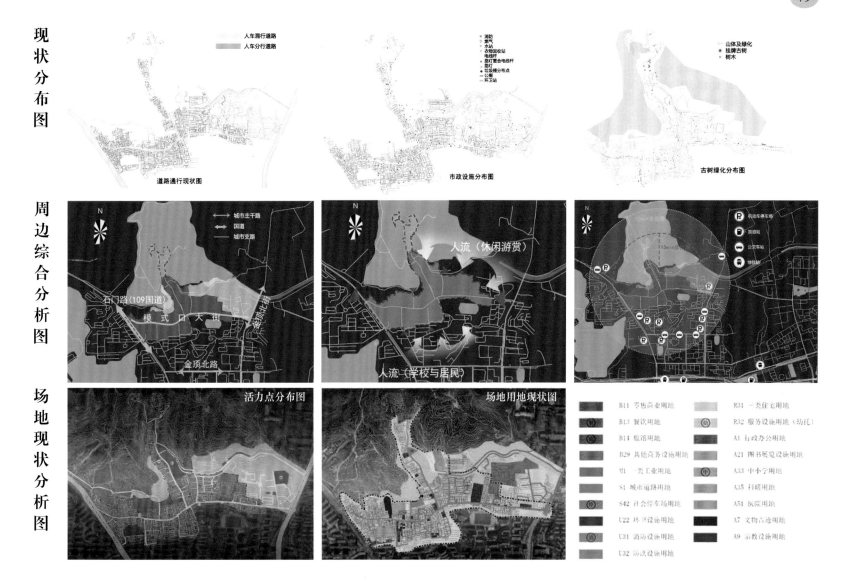

规划设计思路

交通
以绿色交通为主
以地下停车为主
胡同内限制停车
游客配有停车区域

建筑
尊重历史价值
少部分拆除重建
台地特色片区开发
屋顶活动平台

业态
居住组团/老年
文创商贸/青年
引入地区活力
文创带动文化传承

景观
构建园林绿径
园中园、风景点
构建园林空间序列
凸绿化——驻足点

层次结构生成

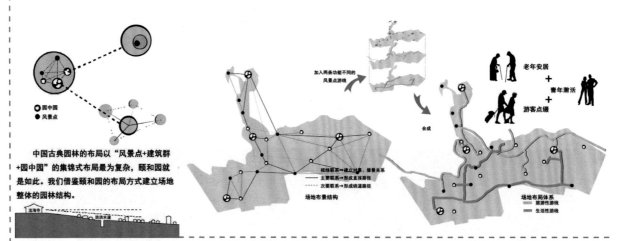

中国古典园林的布局以"风景点+建筑群+园中园"的集锦式布局最为复杂，颐和园就是如此。我们借鉴颐和园的布局方式建立场地整体的园林结构。

将建筑高度、建筑质量、建筑风貌、建筑屋顶作为建筑的现状因素，折合成叠加因子，按一定比例叠加分析，得出结论：

须保留建筑分散在片区中，但大多因体量过小而不符合宜居标准，坡屋顶建筑是现状建筑中极为缺少的，且缺乏维护。而高度过高、风格过新、缺乏结构设计的建筑是重点拆除对象。

居民意向调查

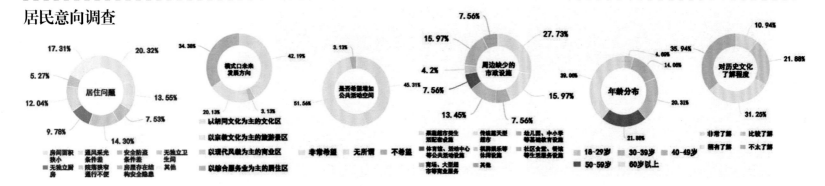

院落形制提取与改造

二合院标准形制——东厢房+西厢房

三合院标准形制——正房+东厢房+西厢房

四合院标准形制——正房+东厢房+西厢房+倒座房

二进院标准形制——门楼+倒座房+垂花门+正房+东厢房+西厢房+游廊

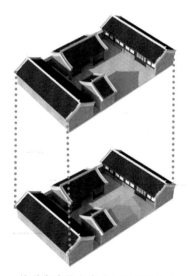

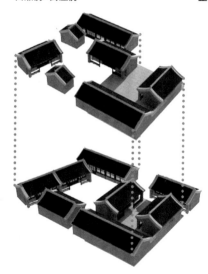

　　这种方式是基于原本的院落形制保存得较为完好，不需要进行较大的工程，只需要拆除部分私搭乱建或是不符合传统建筑样式的现代建筑，对传统建筑进行维护和立面整修，就可以形成原本的形制。

　　这种方式是本次改造的主要方式，在拆除了私搭乱建后，保留具有原有形制的肌理的基础上，还需要增大建筑面积，并且满足日照通风等基本居住条件，在不破坏原有肌理的基础上提高宜居度。

　　针对形成了围合状态但院落形态不明确且较为随意的布局状态的杂院，根据现有的围合方式改造为贴合的传统院落形制。此外，还应考虑居住条件中的日照和通风要求，拓展尺度过小的建筑，拆掉不具备围合作用的建筑，不改变主体形式，保留建筑的方向和院落。

　　对于从肌理上看属于两种不同围合方式的小型院落，但现状是一个围合杂院的情况，需要进行拆分，组成两个围合的小型院落，并且对院落内部进行整改，保留尺度过小的建筑走向，进行拓展和添补，并改变部分建筑的朝向以满足居住条件。

肌理形态特点分析

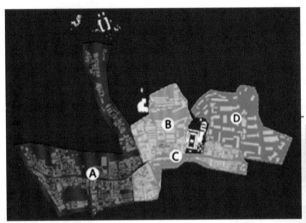

保留：质量良好且具有一定历史价值的传统历史建筑和近代建筑进行保护。

保留：质量良好的传统近代、现代建筑，不进行改动。

更新：质量较差，不具备传统空间形态和形式建筑。

修缮：质量一般且与传统风貌相符的传统近现代建筑。

还原：拆除违章建筑及质量差建筑，还原质量良好建筑物原有功能或重建部分建筑。

文保：各级文物保护单位，依照文物保护法进行保护和修缮。

A：建筑肌理密度较大，主要以合院及杂院为主。

B：为城建四公司原宿舍，建筑密度较小，以"二"式的建筑为主，有较为清晰的东西轴向，并与山地地势相结合。

C：建筑密度最大，建筑排布较为随意，有较多的较大尺度建筑。

D：建筑密度较小，建筑尺度较大，主要以现代及近代风貌的建筑为主。

肌理规律：大致以两条红线为界逐渐改变，逐渐从合院式院落变为"二"形院落。

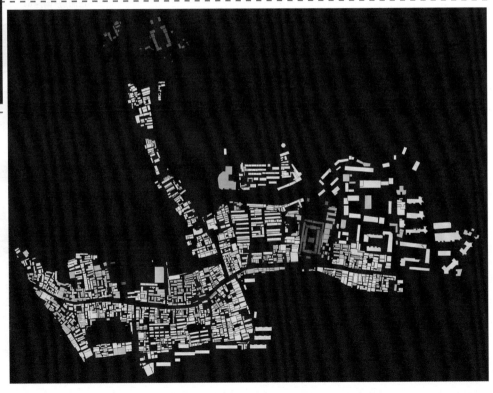

肌理梳理分析

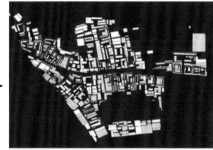
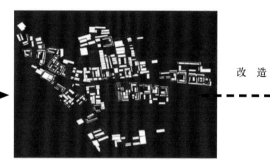

A. 传统院落式民居

原建筑拆除 →

原院落划分 →

改 造

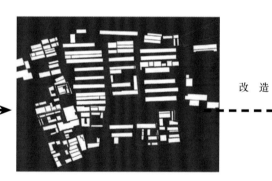

B. 台地交互式民居

原建筑拆除 →

原院落划分 →

改 造

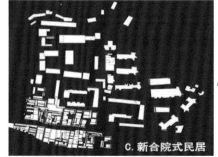

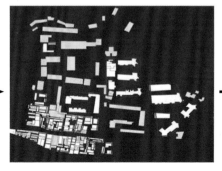

C. 新合院式民居

原建筑拆除 →

原院落划分 →

改 造

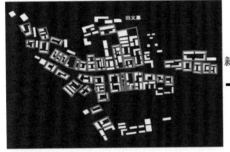

新增建筑与
绿化
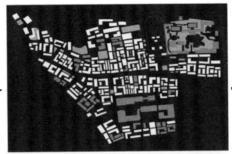
院落重新
划分
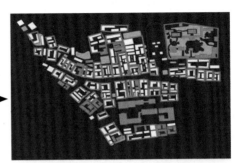

新增建筑与
绿化
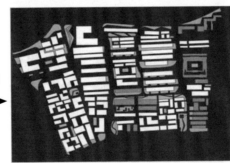
院落重新
划分

新增建筑与
绿化

院落重新
划分
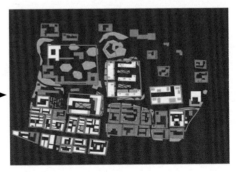

场地推演

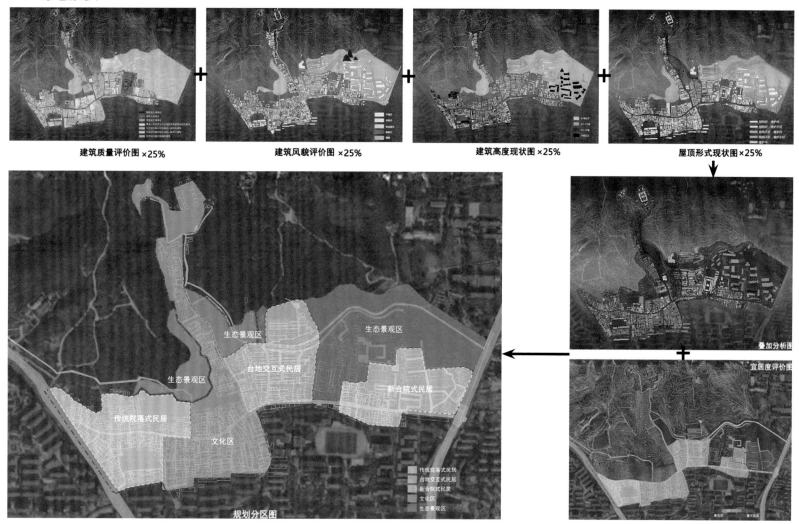

建筑质量评价图 ×25%　　建筑风貌评价图 ×25%　　建筑高度现状图 ×25%　　屋顶形式现状图 ×25%

规划分区图

肌理梳理更新

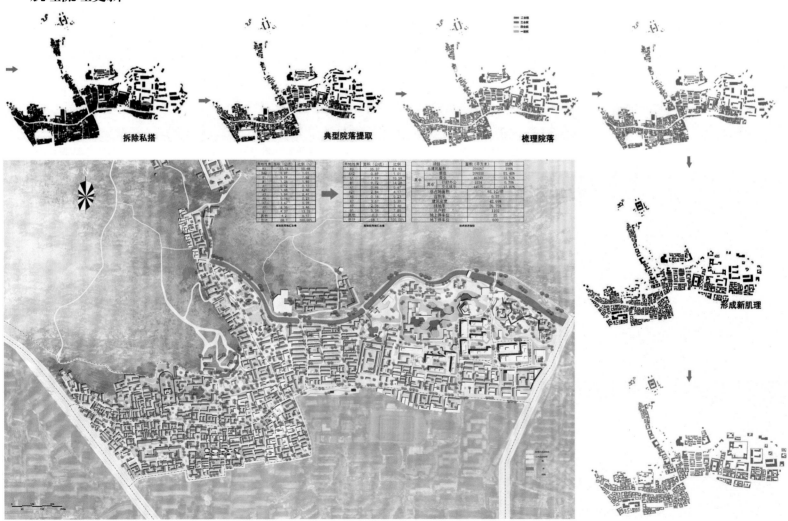

景观布局手法

A 庭院理水——山水的组织
园林用水，大体上分为集中与分散两种处理手法。因北京地区水系不太发达，则引永定河渠水系，大多形成条带式湖溪的水面，再以水面宽阔狭长变化形成趣味。

B 疏与密——空间节奏
为求得气韵生动，在位置经营上必须有疏有密。由于对比异常强烈，常使人领略到一种忽张忽弛、忽开忽合的韵律节奏感。应考虑节点相应吸引人流量和整个游线交通的组织。有韵律地按照节奏布置空间。

C 内向与外向——私密与开放
一般园林建筑都具有向心的特点，小型园林采取内向布局，而大型皇家苑囿中的园中园、建筑群多采取部分内向与部分外向相结合的手法。内向宁静亲切，外向开敞易于远眺。

D 看与被看——视线关系
每个园林中的"景"都不是独立存在的，当它可以作为观察事物的节点时，它就可以在某个角度被观赏。巧妙地满足看与被看的关系，决定每个重要角度的视线范围和构图，体现了各种视觉关系的制约。

步移景异技法

A 藏与露——建筑遮挡
传统的造园艺术往往认为露而浅，而藏则神，把某些精彩的景观或藏于偏僻幽深之处，或隐于山石、树梢之间，而使其忽隐忽现，若有若无。

B 蜿蜒曲折——特色街巷保留
"造园如作诗文，必使曲折有法"，古典园林建筑单体很简单，却用折廊做连接建筑与亭榭。或是利用建筑物相互交错，形成了曲折多变的空间序列。除了建筑外道路也是构成曲折的要素。

C 虚与实——开放空间的处理
园林的妙处不仅在于迂回曲折，而且还表现在虚中有实，实中有虚。山为实，水为虚；墙垣中镂空为虚；建筑中廊亭为虚。

D 高低错落——地势变化与垂直利用
传统园林十分注意顺应自然，随高就低安排建筑，并以一种"爬山廊"连接单体建筑。本地块在街巷具有台地的地方设置了垂直绿化，在特色台地街区设置了屋顶平台的设计。

E 渗透与层次——增加景深
追求意的幽雅和境的深邃是传统园林的重要特点，直接地看某一对象和隔着重重层次看其距离感是不尽相同的，并且空间的隔断和联系使人的视线穿透几个空间，空间得到渗透和联系。

F 堆山叠石——师法自然
园林中的山石是对自然山石的艺术摹写，故又称之为"假山"。它师法自然，而且又凝结着造园家的艺术创造，除神形兼备外，还具有传情的作用。

业态更新布局

B. 茶馆平面放大图（1:1000）

B. 佛民宿平面放大图（1:1000）

E. 采摘园平面放大图（1:1000）

旅游休闲产业（户外用品店、采摘园）　　文化创意产业街
山水民宿　　　　　　　　　　　　　　生活服务类商业
居民服务设施（活动中心等）　　　　　工业改造公园
茶馆　　　　　　　　　　　　　　　　商贸文创综合体
文化展览设施　　　　　　　　　　　　孔子学堂

新功能置入分布图

A. 旅游用品店平面放大图（1:1000）

警察局

居民活动中心

居民活动中心　　　居委会

C. 居民服务设施平面放大图（1:1000）

1F

2F　　2F

　　由于周边的服务设施明显不足，而地区活力的来源就是地区宜居，生活便利，所以，我们置入了许多功能，除了满足居民的生活需求设计了商贸组团、工业改造公园、居民活动中心和点状的生活服务中心以外，还配合旅游业的发展，开发了民宿、文化展览体验一系列设施，力求旅游和文化同步发展，依托"老年安居＋青年激活＋游客点缀"的规划模式，带动地区活力。

项目概况：说到北京,除了故宫、天坛等大型建筑群外,北京的历史街区、胡同也极具地方特色。除了四九城外,北京的其他区也有不少的历史街区和古建筑, 也同样有自己的历史价值。

项目特点：历史街区是旧城整体保护的重要组成部分,同时一个街区风貌的协调也能更好地衬托出单体建筑的风貌。

（1）通过考证调研, 对模式口地区的概况和历史脉络有了一定了解, 充分了解场地。

（2）通过实地调研, 对模式口地区的内外部情况全面掌握。

（3）通过后期整理, 结合上位规划和 SWOT 分析, 大致构想出对模式口地区改造的初步思路。

设计方案：

（1）模式口地区的概况、区位及历史。

（2）模式口地区的周边分析（包括交通、人流、医疗、教育等）。

（3）模式口地区的内部分析, 其中包括了场地分析和当地居民的问卷访谈。

（4）根据我们发现的问题和模式口地区现状寻找相关的案例进行研究。

2.1.7
模式口地区保护与更新 II

2019
北京

7

历史沿革

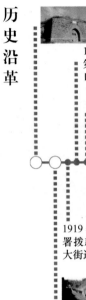

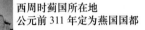
西周时蓟国所在地
公元前 311 年定为燕国国都

1922 年，成为北平市郊
第一个通电的村庄，磨石
口村改名模式口村

1947 年，拓宽模式口村
隘口由四米至六米，并
整修路面

1967 年 9 月 13
号，经冶金工业
部批准，石钢改
名首都钢铁公司

1987 年，冰川擦
痕陈列馆建成，
北京市列为重点
古建文保单位

2002 年 10 月，模
式口成为第二批历
史文化保护区

多阶段分目标修缮：
第一阶段：2016 年
全年形成亮点节点
第二阶段：2017 年
全年形成亮点区段
第三阶段：2018 年
全年实现全段复兴

1950   1960   1970   1980   1990   2000   2010   2018

1919 年，京兆尹公
署拨款修建磨石口
大街道路

建国后，承恩寺由模式口
村统一管理。1955~1957 年
承恩寺由学校暂时接管

1984 年，首钢公司征用土地，
村民全部转为城市户口

2009 年 6 月 13 日，经过两年
的闭馆改造，中国第四纪冰川
遗迹陈列馆重新开门迎客

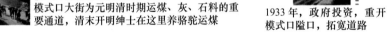
模式口村名的记载始建于明代
模式口大街为元明清时期运煤、灰、石料的重
要通道，清末开明绅士在这里养骆驼运煤

1933 年，政府投资，重开
模式口隘口，拓宽道路

场地位于石景山区中部，与市中心交通便捷，有着较好的区位条件。场地周边有高新技术产业区，如（中关村石景山园、首钢高端产业服务区等）具有良好的产业基础，还有法海寺公园、八大处公园等国家级风景区，此外，西侧还有永定河流经，环境优美而宜居。同时，模式口地区还位于西山文化带和八大处旅游发展带上，这将进一步推动这一地区的发展。

周边分析

周边肌理图
■ 建筑
   道路

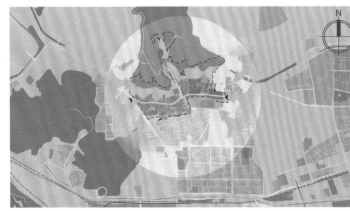

人流方向图
▲ 出入口
   人流方向

交通分析

1.场地周边交通发达，有城市主干道（石门路）城市次干道（金顶北街）以及若干城市支路。

2.场地周边车流主要以住户车流和穿行车流为主，游客和工作车流相对较少。

周边交通分析图
— 城市快速路
— 城市主干道
— 城市次干道
— 城市支路

医疗分析

1.场地周边有多个社区级医院，而附近最大的医院为二级中医院。

2.模式口地区老年人较多，有些疾病在社区医院难以医治，有时老人还有急救需求。而距场地最近的三甲医院要30min左右的车程，还是有所不便。

周边医疗分析图
⊕ 二级医院
⊕ 大型社区医院
⊕ 社区医院

距三甲医院距离

	朝阳医院	北京肿瘤医院	西苑医院	北大第一医院
距离	7.4km	15km	19.4km	22.7km
乘车时间	50min	1h3min	1h30min	1h35min
开车时间	25min	30min	40min	39min
便利度	便利	便利	较便利	较便利

公交分析

1.场地周边公共交通方式多样，公交系统发达，有10余路公交车，且与两个地铁站相邻（1~2km）。

2.场地周边虽设有不少停车场，但这些停车场主要都是面向内部居住区和单位使用。

周边公交分析图
⊖ 公交站点
⊖ 地铁站点
Ⓟ 停车场

公交通达性分析

	到天安门	到北京站	到西直门	到国贸	到五道口	到香山	到机场	到东单	到南苑机场
距离	24.1km	27.7km	19.8km	28.2km	27.1km	14.8km	27.7km	25.1km	34.6km
换乘次数	1次	2次	1次	1次	0次	1次	1次	1次	1次
步行距离	1.7 km	1.6km	1.5km	2.1km	1.4km	2.6km	1.6km	1.2km	2.8km
所需时间	1h30min	1h30min	1h30min	2h16min	1h30min	1h30min	1h27min	1h16min	2h37min
综合评价	一般	较差	一般	较差	一般	良好	一般	良好	较差

S1线和1号线平均站间距1~2km
模式口地区基本处于地铁服务半径内

桥户营　四道桥　金安桥
古城　　八宝山
苹果园
八角游乐园

教育分析

1.场地周边教育设施层级齐全，同时拥有幼儿园、小学以及中学。

2.据居民反映，周边小学和幼儿园的教学质量一般，周边几个中学的教学质量虽好，但不容易获得入学资格。

周边教育分析图
⊕ 幼儿园
⊕ 小学
⊕ 中学

用地分析

模式口片区以住宅用地为主,部分住宅经国家相关单位评估保护后成为文物古迹,加之原有的部分古迹,模式口的文物古迹用地同样占到了极大比例。服务行业用地零散且面积不大,琐碎地分布在道路的两侧。公园绿地紧邻着文保单位,满足本地居民的基本需求。

三类住宅用地
服务设施用地
行政办公用地
图书展览用地
中小学用地
科研用地
医院用地
文物古迹用地
宗教设施用地
公园用地
零售商业用地
餐饮设施用地
旅馆用地
其他商务用地
一类工业用地
城市道路用地
社会停车用地
环卫设施用地
消防设施用地
防洪设施用地

内部服务设施分析

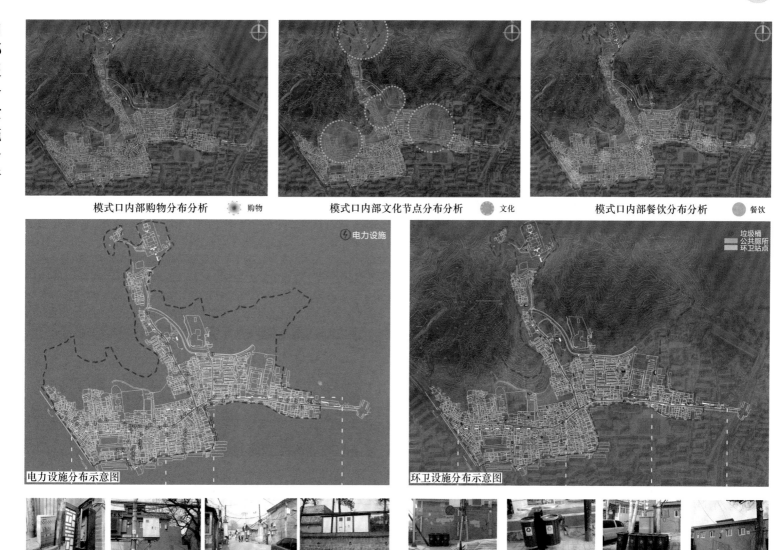

模式口内部购物分布分析　● 购物　　模式口内部文化节点分布分析　● 文化　　模式口内部餐饮分布分析　● 餐饮

⚡ 电力设施

垃圾桶
公共厕所
环卫站点

电力设施分布示意图

环卫设施分布示意图

活力点及人流分析

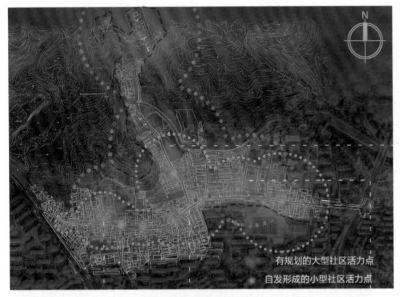

有规划的大型社区活力点
自发形成的小型社区活力点

模式口内部活力点分布分析

出入口

人流方向

模式口内部人流分布分析

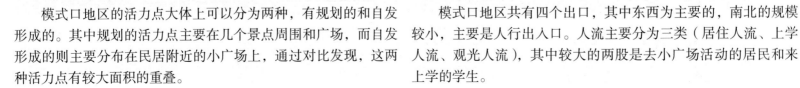

　　模式口地区的活力点大体上可以分为两种，有规划的和自发形成的。其中规划的活力点主要在几个景点周围和广场，而自发形成的则主要分布在民居附近的小广场上，通过对比发现，这两种活力点有较大面积的重叠。

　　模式口地区共有四个出口，其中东西为主要的，南北的规模较小，主要是人行出入口。人流主要分为三类（居住人流、上学人流、观光人流），其中较大的两股是去小广场活动的居民和来上学的学生。

视觉通廊分析

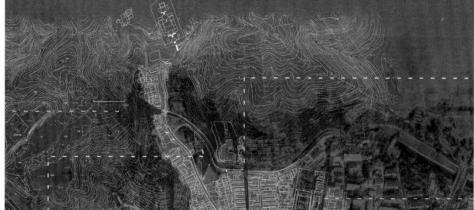

模式口内部视觉通廊分布分析 理想视廊 不理想视廊

　　模式口地区道路大体上还是呈现出一种沿山势扭曲的横纵道路系统，纵向道路所形成的视觉通廊可以直接延伸到山体的自然景观，绝大部分的视觉通廊带来的视觉效果都质量较高，但是道路质量有待改善，部分构筑物已经形制不佳。东段部分纵向道路因为新建建筑遮蔽了一部分视觉通廊，对于这个历史街区的整体性也有所影响。

绿化分析

● 园区树木
✳ 园区古树
■ 园区林地

建筑屋顶分析

▨ 平屋顶   ▨ 坡屋顶   ▨ 单坡等特殊屋顶

建筑风貌分析

■ 国家级文保单位
■ 省市县级文保单位
▨ 具有文化价值的建筑
▨ 与风貌协调的传统建筑
▨ 与风貌协调的现代建筑
▨ 与风貌不协调的建筑

道路分级分析

▨ 城市道路，路面宽度 >12m
▨ 街坊主要道路，路面宽度 ≥ 7m
▨ 街坊次要道路，路面宽度 4~7m
▨ 窄巷，路面宽度 ≤ 2m
▨ 胡同小巷，路面宽度 2~4m

建筑高度分析

建筑高度图例

	4.5m 以下
	4.5~7.5m
	7.5~10m
	10m 以上

建筑高度分析图

建筑层数图例

	一层
	两层
	三层
	四层及以上

建筑层数分析图

模式口内部民居几乎控制在两层以内，高度不超过 7.5m。更高的建筑均为现代建筑，不属于传统建筑的组成部分，并集中在西边少数区域，与传统院落并无交集。模式口当地传统院落沿两条主干道密集排布，并以自由生长的形式向外发展，与北京旧城历史街区肌理不同，模式口地区建筑肌理与古镇形式更为相似，居民的生活风格也和传统古镇契合。

模式口建筑肌理图

立面分析

模式口大街沿线建筑是整个模式口片区最具有保留价值的建筑群，但是几乎所有居民都在原有院落的基础上向外拓建了新的建筑，这些新建建筑大多有30~40年的历史。以前的旧院落形式上还是完整的，建筑有不同程度的破损，某种意义上新建房屋对于旧合院也有一定的保护作用。当地居民在新建建筑时，刻意地保留了一部分旧的入口，重点院落的入口都有上百年的历史，样式也相对精致。

院落分析

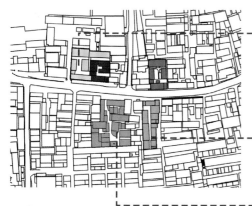

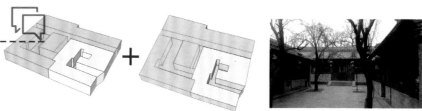

类型一：四合院　基本形制与四合院一样，部分有加建或改建，多数为一家人居住。

　　模式口地区由于地形条件的限制和后期的私搭乱建，所以建筑肌理比较复杂。院落大致可以分为四合院、大杂院、狭窄院三种类型，其中以大杂院和狭窄院为多。且不少院落在公共空间中私搭乱建，进一步造成了院落狭窄，通行困难。

类型二：狭窄院　多数为几家共同居住，由于私搭乱建导致交通空间十分狭窄，有的住户还沿墙堆放杂物，导致有的通道只能容一人侧身通过。

模式口民居院落划分示意图

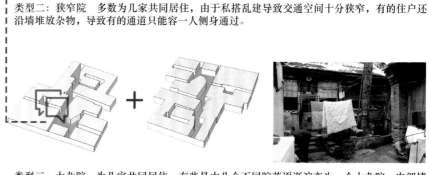

类型三：大杂院　为几家共同居住，有些是由几个不同院落逐渐演变为一个大杂院。内部情况更加复杂。

叠加分析

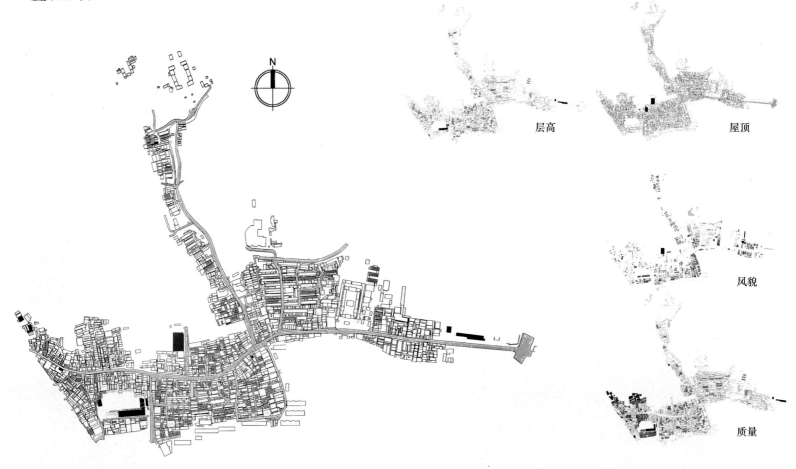

模式口建筑现状叠加状况示意图

层高

屋顶

风貌

质量

　　根据模式口现有建筑高度、建筑风貌、屋顶形式、建筑层数调研现状，从优到差分类叠加，用以筛选现有建筑确定保留意向。

问卷调查

基本概况

问卷信息：本区域共发放问卷：80 份，共回收问卷：64 份，其中有效问卷：64 份。

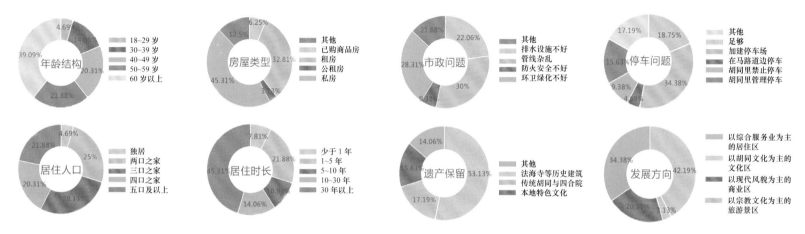

基本概况：当地居民以年龄大的老人为主体，年轻人较少。房屋类型主要为私房和租房，人口流动性较强。每个家庭人口多为两口及以上，较少有独居家庭。当地世居于此的老住户较多，除此以外，外来打工的暂居人口也不占少数。

居民意愿：模式口地区作为一个年代久远的历史街区，街区整体环境以及相应的基础设施不免有所不足。在具体的问卷调查中，建筑上，居民主要反映的问题集中于房间面积狭窄、没有独立厨卫等问题。而外部设施上，居民认为该地区缺少便民的果蔬超市、幼儿园等。在停车问题上，居民普遍反映应该加建停车场以满足当地需求，还认为胡同停车应该加强管理。

居民意愿

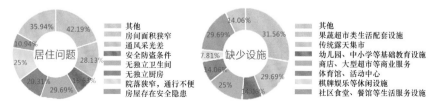

SWOT 分析

采访总结

房客认为：

房租低、周围工作多、公共交通比较便利

居民认为：

模式口大街两侧建筑值得保留；菜市场改造后环境变好

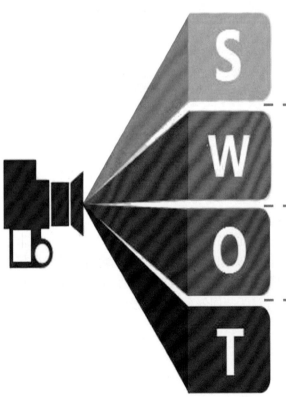

1. 场地自身：(1) 与市中心交通便捷，公共交通通达性高。
   (2) 模式口当地自然风光好，区域内文物丰富，有较多旅游资源。
   (3) 场地内的台地空间和街巷空间都有着浓厚的本地特色。
2. 文化生活：(1) 当地有许多传统文化和非物质文化遗产（砖雕文化、壁画文化等）。
   (2) 当地的原住民关系良好，人情味足，人与人之间的交流更加密切。
   (3) 当地居民有着广泛的兴趣爱好，如养鸟、遛狗、抖空竹、唱歌等。
3. 人口经济：目前当地的流动人口较多，一定程度上带动了当地经济的发展。

1. 场地外部：(1) 周边人口消费能力相对较弱，且距市中心有一定距离，导致周边缺乏高质量服务设施。
   (2) 通过公共交通到达市中心需要多次换乘和较长距离步行，不方便。
2. 场地内部：(1) 建筑形式与年代鱼龙混杂，前期修缮工作效果不佳。
   (2) 内部基础设施落后，原有业态受到破坏。
   (3) 老龄化严重，缺乏为老年人设立的基础设施。
   (4) 公共空间单一，居民休闲娱乐形式受限，缺乏展示交流空间。

1. 宏观角度：(1) 模式口被北京市列为第二批历史文化保护区之一。
   (2) 在北京总体规划中，模式口位于长安街及其延长线上，还位于西山永定河文化带上，在风貌区中属于风貌引导区。
   (3) 在石景山区规划中，模式口还位于西山八大处旅游发展带上。
2. 中观角度：场地周边有高新技术产业区，如（中关村石景山区、首钢高端产业服务区等）具有良好的产业基础。

1. 如何改造建筑立面恢复其历史街区风貌？
2. 如何丰富公共空间形式来满足当地居民丰富多彩的生活爱好？
3. 怎样唤醒当地的历史文化，并传承发展下去？
4. 如何在不影响居民生活的情况下增加片区绿化？
5. 慢生活圈怎么在较少影响交通的情况下，串联若干节点？

**2.1.8
北京历史
街区调研
报告**

2018
北京

8

　　北京是见证历史沧桑变迁的千年古都，也是不断展现国家发展新面貌的现代化城市，更是东西方文明相遇和交融的国际化大都市。北京历史文化遗产是中华文明源远流长的伟大见证，是北京建设世界文化名城的根基，要精心保护好这张金名片，凸显北京历史文化的整体价值。传承城市历史文脉，深入挖掘保护内涵，构建全覆盖、更完善的保护体系。依托历史文化名城保护，构建绿水青山、两轴十片多点的城市景观格局，加强对城市空间立体性、平面协调性、风貌整体性、文脉延续性等方面的规划和管控，为市民提供丰富宜人、充满活力的城市公共空间。大力推进全国文化中心建设，提升文化软实力和国际影响力。

　　述及北京街巷，不能不谈胡同。据专家考证，胡同一词出现在元代。元杂剧《沙门岛张生煮海》中就有"我家住砖塔胡同"的词句。这条胡同至今还在西四丁字街路西，胡同口有"万松老人塔"，是青砖垒砌的。北京街巷不仅历史悠久，而且与北京的历史风云紧密相关。一条条街巷，既是北京人生活的历史画卷，也是风云变幻的见证。

·历史街区保护概述

·历史街区定义

历史街区是指文物古迹比较集中，或能较完整地体现出某一历史时期传统风貌和民族地方特色的街区，我国正式提出"历史街区"的概念，是在 1986 年国务院公布第二批国家级历史文化名城时。其基础是此前由建设部于 1985 年提出（设立）的"历史性传统街区"，2002 年 10 月修订后的《中华人民共和国文物保护法》正式将历史街区列入不可移动文物范畴。

·历史街区保护

历史文化街区是一个成片的地区，有大量居民在其间生活，是活态的文化遗产，有其特有的社区文化，不能只保护那些历史建筑的躯壳，还应该保存它承载的文化，保护非物质形态的内容，保存文化多样性。这就要维护社区传统，改善生活环境，促进地区经济活力。

确定历史街区保护和更新模式是本着保护传统空间格局，在充分现状调查和对建筑年代、建筑风貌和建筑质量等因素的综合判定的基础上，对历史街区的每一幢建筑进行定性和定位，提出保护与更新措施。确定建筑的保护和更新措施要依据文物法的要求,考虑保护历史街区的风貌完整性、规划实施的可能性和整个历史街区保护的长期要求来综合确定，这是保证保护规划可操作性的重要手段。根据大量历史街区保护规划的实践，对于历史街区内的建筑一般有以下几种保护和更新模式：

保存，既保持原样，以求如实反映历史遗存；

保护，就是保护建筑的原有风貌，并在保护历史街区风貌完整性的基础上改善生活条件；

整饬，"饬"带有强制性改正的含义，根据历史街区的风貌特征和要求，通过整饬恢复建筑的原有风貌或者减小它们与历史街区环境的冲突；

暂留，即暂时维持现状,待以后条件成熟时拆除、改建。这是针对一些应该拆除的不协调的建筑；

更新，针对影响传统风貌较大的建筑，采取拆除更新的措施。更新的对象主要针对功能不符、对周边环境风貌有较大冲突和视觉障碍、有条件拆除的建构筑物。

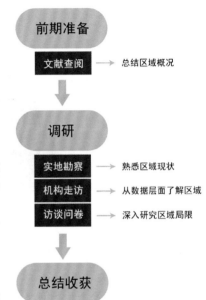

·调研概述

首先通过资料研读等获取到所需的调查内容。

其次通过实地走访调研，以及对不同机构和人群进行问卷调研，进一步了解调研地块现阶段亟待解决的主要矛盾。

最后通过总结分析对调研内容进行必要的优劣势分析。

·空间区位

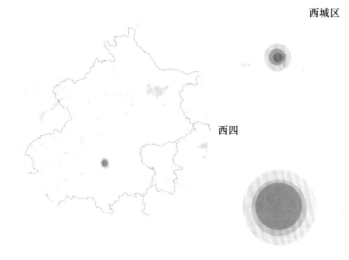

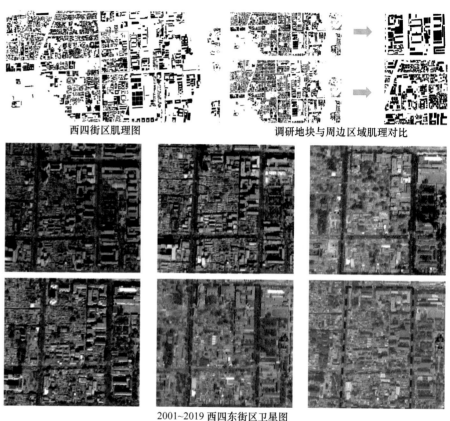

西四街区肌理图　　　　　　调研地块与周边区域肌理对比

2001~2019 西四东街区卫星图

·地理区位

本次调研地块位于北京市西城区，属于白塔寺至西四历史保护片区，是北京旧城历史文化保护区重要的组成部分。地块东、西、南、北分别以西皇城根北街、西四北大街、西四东大街、大红罗厂街为界，形成的一个较为规则的矩形地块。东西长约 260m，南北长约 450m，地块总面积在 30 公顷左右。

西四地区最出名的就是其在清朝末期建造的四座牌楼。成为北京城的地标之一，也成了这片历史街区居民的共同记忆。

西四牌楼

·肌理分析

从街区肌理之间我们可以看出，地块西侧城市肌理保留了历史上原有的胡同肌理风貌；而地块东侧则是以大体快现代建筑为主。区域是位于西四历史保护街区和皇城根历史保护街区之间的过渡区域，在肌理层面上需要迎合周边地块，在地块内部的街区肌理整合上应符合西侧保留原始街区风貌，东侧建筑体块可稍作整合。

·具有文化价值的建设用地

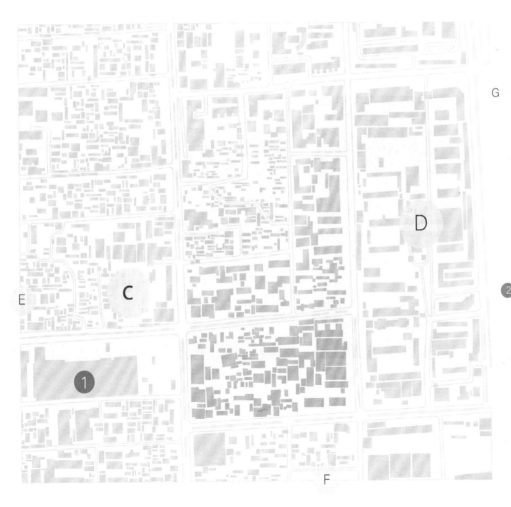

这些具有文化价值的建设用地在空间上基本上是以朝阜大街为轴进行分布的。这些区域除了可以开放给大众之外，也可以成为附近居住片区中居民们生活中休闲娱乐的场所。

从大区域来看，由于西四东地块周边具有文化价值的建设用地在其东南方向上较为集中，所以对地块来说，文化区域对其的影响程度从东南向西北方向递减。

C　新华书局

①　地质博物馆

②　恭王府

D　西什库天主教堂

G　北海公园

·交通分析

北京大学第一医院药物临床试验机构

京惠丰药房

被占用的西四东大街停车场

|||||||||| 车行道

|||||||||| 人车分行

Ⓟ 停车场

可以看出地块内部有两条主要的交通流线把地块分成三片较大的区域，横向贯穿地块内部的西四东大街把地块分为两部分，南北竖向的大拐棒胡同又把北部地块分成了两部分，其中西部的地块内部道路较为复杂，主要分成了两个较大的道路流线，其中，北部的道路系统起到了一部分连接地块北部和西部和中部的作用，南侧的道路系统则起到了连接地块中部和西部的作用。主要的节点也分布在这两个主要的道路中。

·医疗分析

● 药店

西四地块的内部医疗层级较低，只有两个较小的药店。根据普通规模的药店辐射范围在方圆300m范围内，几乎可以囊括地块的所有区域。根据小组实地调研情况，由于地块在北京市二环以内，其附近区域的医疗资源十分丰富，所以从技术上分析，内部居民的医疗需求完全能得到满足，并不会造成任何影响；根据小组后续的访谈问卷等实地走访形式也可以了解到，在实际生活中这个街区居民就医情况较好。

·教育分析

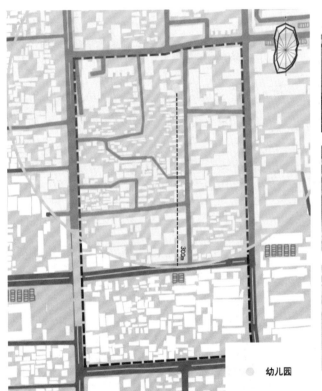

大拐棒幼儿园

内部商业－1

内部商业－2

幼儿园

·商业分析

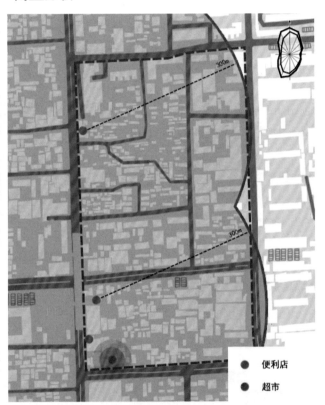

便利店

超市

西四地块内部的教育资源只有一个大拐棒胡同幼儿园，位于地块的北部，较难到达。该幼儿园辐射范围基本可以覆盖地块的北侧区域，由于南侧区域中居住性质所占比例较少，所以并不会影响南侧居民对教育资源的需求。

在我们后续的问卷以及访问中，我们可以发现这片区域的人群结构中，老年人占比重很大，学龄前儿童占比重较少，对幼儿园的需求量也相对较少。

在有关商业分析中，这张分析图只讨论区域内便民服务的商超及便利店。

位于地块西南边界上的中小型某连锁超市可以算是该区域的商业中心。根据超市的辐射半径，该超市的服务范围甚至可以覆盖到地块周边的两个历史街区。在便民超市中，为了完善区域内居民的不同需求，在地块西侧的沿街商业立面中还存在两个便利店，但其外向性服务功能要大于内向性服务。

在后续调研过程中，居民普遍反映，地块现状的商业类型还不能完全满足果蔬肉类等需求。

·业态分析

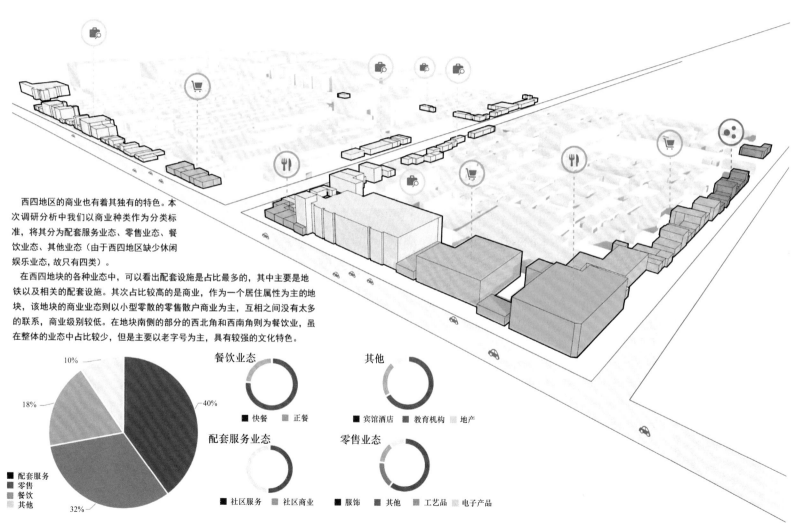

西四地区的商业也有着其独有的特色。本次调研分析中我们以商业种类作为分类标准，将其分为配套服务业态、零售业态、餐饮业态、其他业态（由于西四地区缺少休闲娱乐业态，故只有四类）。

在西四地块的各种业态中，可以看出配套设施是占比最多的，其中主要是地铁以及相关的配套设施。其次占比较高的是商业，作为一个居住属性为主的地块，该地块的商业业态则以小型零散的零售散户商业为主，互相之间没有太多的联系，商业级别较低。在地块南侧的部分的西北角和西南角则为餐饮业，虽在整体的业态中占比较少，但是主要以老字号为主，具有较强的文化特色。

10%

18%

40%

32%

■ 配套服务
■ 零售
■ 餐饮
  其他

餐饮业态

■ 快餐　　 正餐

其他

■ 宾馆酒店　■ 教育机构　 地产

配套服务业态

■ 社区服务　　 社区商业

零售业态

■ 服饰　■ 其他　 工艺品　 电子产品

·绿化分析

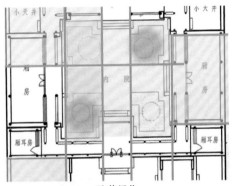

院落绿化

多个院落的树木分布

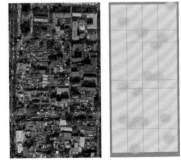

区域绿化

在传统规制的合院中，院落被建筑以棋盘网式分割，所以树木种植位置的选择，一般会在"棋盘"的格子中间或是在棋盘网的交点处。

我们将视野放大，当由单个院落内部树木的有序"棋盘"状分布，扩大到多个连结院落形成的区域内，树木在空间中就呈现散点分布的特征。

在实地调研过程中发现，西四东地块的公共绿化几乎没有。但在卫星图中，其绿化面积并不算少。这其中的原因就是地块中的绿化绝大多数是由院落绿化组成。

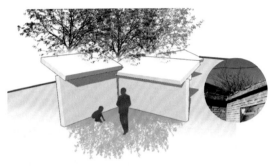

当建筑外墙在街巷中形成围合型空间时，很容易形成开放性较差的黑色空间。在建筑院落内部的转角处若有绿植的设置，除了可以增加院落内部景观外，又可增加街巷空间不一样的空间体验。

由于北方建筑的进深较大，行走在街巷中水平视线范围内，院落景观不能为外所用，所以院落内部植物可采用具有特殊香气和枝干较为延展的树种。从视觉和嗅觉上强化地区景观特色。

·西四东地块主要树种

·街巷分析

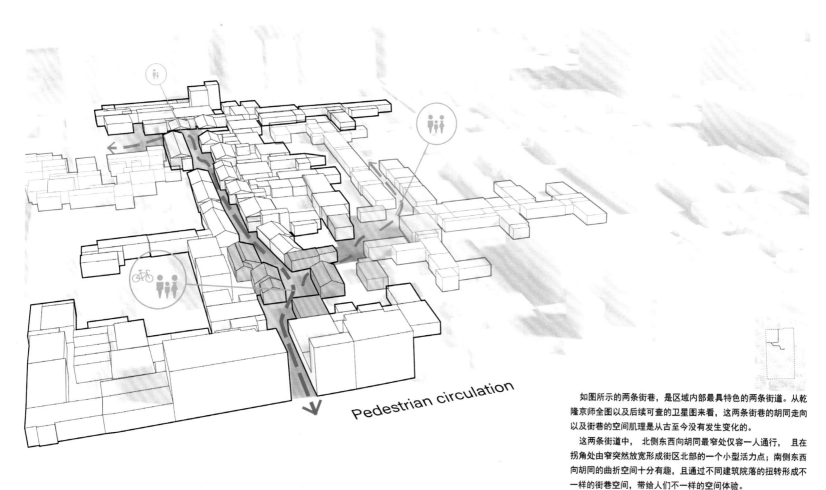

Pedestrian circulation

　　如图所示的两条街巷，是区域内部最具特色的两条街道。从乾隆京师全图以及后续可查的卫星图来看，这两条街巷的胡同走向以及街巷的空间肌理是从古至今没有发生变化的。
　　这两条街道中，北侧东西向胡同最窄处仅容一人通行，且在拐角处由窄突然放宽形成街区北部的一个小型活力点；南侧东西向胡同的曲折空间十分有趣，且通过不同建筑院落的扭转形成不一样的街巷空间，带给人们不一样的空间体验。

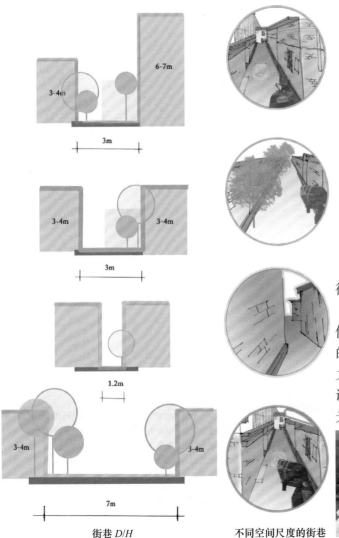

街巷 D/H

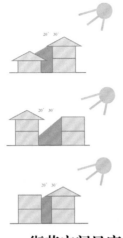

不同空间尺度的街巷

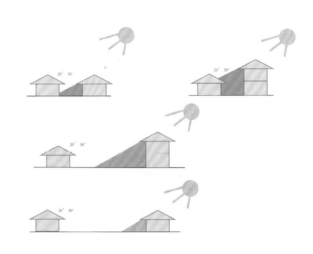

· 街巷空间尺度

在西四东这片区域中，大多数街巷是符合传统胡同 D/H=0.5~1，但由于街区缺乏统一的管理整治体系，街巷空间风貌较差。

结合街巷 D/H 可以看出，随着街巷不同的宽窄的变化和沿街建筑的高度，使得不同街巷在一天中接受到的日照时长有所不同。由于人们喜欢阳光较多的地方，所以这些开敞性较大且采光较好的街巷空间容易形成区域内部的潜力点。正常情况下，传统的北京胡同是可以满足日常的日照需求，但在本次调研区域内由于其私搭乱建情况较为严重，沿街两层的建筑增多，对街巷采光造成了一定的影响，在一定程度上削弱了街区活力。

· 潜力点 / 活力点分析

在地块北侧，活力点和潜力点也通常会存在于有阳光可以照射到的街巷中的院子门口。所以在活力点和潜力点的空间分布中除了有空间尺度的影响之外，还受到很多自然因素的影响。

在地块南侧，由于地块被军事用地割裂严重，所以在其内部的街巷空间中很难有活力点和潜力点形成的前提条件。但多数南侧沿街立面被作商用，以此来吸引人群；除此之外，在最南侧还有一佛教居士林，虽然地块内居民较少有人前往，但是还是可以吸引附近区域内的宗教人士前来参观、交流等。

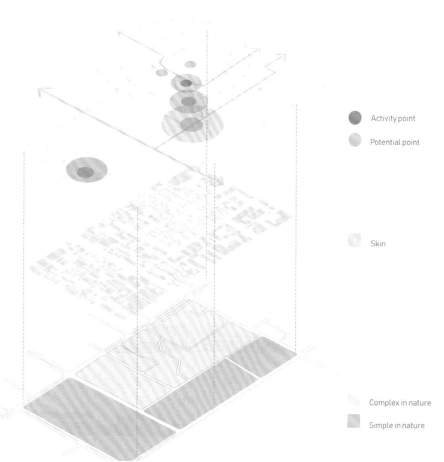

Activity point

Potential point

Skin

Complex in nature

Simple in nature

·沿街立面分析

在区域内部沿街立面的分析中，我们选取与分析区域外部沿街立面相对应的三个街面作为分析对象，并对其立面构成和天际轮廓线进行对比。

立面 1：区域南边界，街道建筑质量、建筑风貌较差，沿街商业种类单调且服务性较差，作为区域对外的界面之一外向性不足；

立面 2：区域东边界，街道建筑风貌较为现代化，且多是现代围合院落，可改动性不大，与地块内部的建筑风格较为失调；

立面 3：区域西边界，街道建筑风貌参差不齐，商业繁多且规模混杂，商业服务对象的不明确会导致在街区西侧聚集一批性质不定的流动人群，容易对区域内部形成 安全隐患。且其作为面向城市主干道的区域界面之一，并没有向来往行人展示地块文化或是成为地块的标志性界面，吸引力不够。

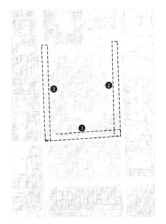

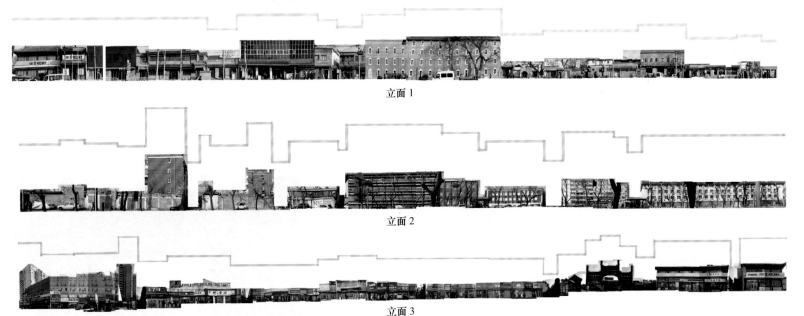

立面 1

立面 2

立面 3

·院落分析与院落分布

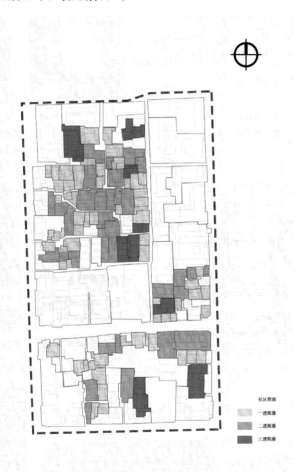

建筑院落分布

社区范围
一进院落
二进院落
三进院落

从院落形制上看，西四地区保持着以传统四合院为主的院落格局，根据院落格局当中主要建筑的分布结构，可以将院落形制分为单房院落、双房院落、三合院、四合院、复合院、不规则院落六种形式。

其中单房和双房院落一般为规格较低较简陋的院落；而不规则院落为已经不具备传统四合院格局的院落，一般为现代新建院落或拆毁较严重的传统院落；而传统的三合、四合院落的结构演变分为三个阶段：

第一阶段为历史原貌，这时院落结构清晰、形制较高；

第二阶段，随着居住量需求的不断增加，抄手游廊、耳房和部分附属建筑被拆除，在正房、厢房上接出少量加建的小建筑，院落空间被分割，但院落结构还较为清晰；

第三阶段，加建情况进一步恶化，自建房逐渐将院落空间完全占据，院落结构已完全不能辨认，房屋建筑质量一般，部分加建房风貌水平较差。

一进院

二进院

三进院

·院落空间组织

  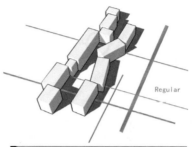 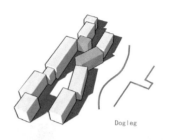

院落中往往有一个较大的体块分布在院门正前方，物理意义上给空间结构起到了人群分流的特征与功能，但是由于院落之间无序的错杂分布，在视线上与人员行进上起到了阻碍作用，遮挡了人们的视线，也造成了很多灰空间的形成，不能给居住者和外部人员较好的空间体验。

这种院落往往由很多较小的均匀体块构成，在图中可以看出这种院落空间结构组合越复杂多样，院落活力点越多，形成了很多不同的行进流线，给人们造成了曲径通幽的感受，但是也往往给人空间结构不够清晰的体验，外部人员容易在此迷路。

在分析图中可以看出这种院落呈现带状分布。带状空间结构更易于达到整齐规律的效果，给人的引导性更强，但是也容易使得人员行进中感到无趣和漫长，但是方向性很强，如果设计得当的话会给人很连贯的空间体验。

这种院落空间也基本上呈带状分布。但是与传统的带状空间有所不同。个别单体的扭曲错落会使空间感受更为有趣灵动，不会给人以无趣呆板之感，也不会让人对前方的道路一览无余，更能引起外部人员的好奇心。

·建筑质量分析

本次调研区域介于西四历史保护街区和皇城根历史保护街区之间，但是由于其保护等级不高，自新中国成立以来，地块内部的建筑没有得到维护和修缮，整体建筑风貌较差。

维护好结构好
维护一般结构一般
维护好结构一般
维护一般结构好

·建筑高度分析

地块内部的建筑存在一些后期修建的现代建筑，大多分布在地块北侧、南侧和东侧沿街，这三个区域内建筑高度较高，与传统建筑高度不相符。

建筑在地块西侧与西四历史保护街区接壤的地方建筑高度在 4.5~9m 之间，整体高度较为协调。

0~4.5m
4.5~7m
7~10m
10~15m
15m 以上

| 维护好结构好 | 维护好结构一般 | 维护一般结构一般 | 维护一般结构一般 | 4.5~7m | 7~10m | 10~15m | 15m 以上 |

·SWOT 分析

S

·公共服务设施较为完善：区域地处中心城区，其周边的交通、医疗、教育等资源十分丰富，完全可以满足居民的日常需求；

·具有良好的文化氛围：区域可被其周边多个文化场所的辐射范围所覆盖，为区域内居民营造了良好的文化环境；

·区位优势：街区作为北京城市中轴线的组成部分，在北京市城市总体规划中占有许多发展优势。

W

·人口结构复杂，老龄化严重：区域内人群构成复杂，除原住民外，许多外来务工人员也作为租客生活在这里；

·院落结构破坏严重：由于历史原因，合院内空间被私搭乱建破坏，且后续维护工作不到位导致了现状院落结构状况较差；

·周边交通疏解不到位：交通量较大的城市次干道贯穿地块，周边大型公服对交通疏解也造成压力，影响区域内居民日常生活；

·缺少开放性公共空间：区域内部用地紧凑，公共绿化较少，且没有提供给内部居民作为休闲娱乐的公共空间；

·市政、物业管理体系较差：街区内缺乏成系统的物业体系，街巷之间在卫生、管理等方面存在问题，给居民生活带来不便；

·外部界面风貌较差：以西侧沿街的商业立面为例，由于缺乏统一的规划设计，商铺种类混杂且分化较大，不利于区域文化的宣传；

·文化特色不突出：作为历史街区，区域不存在特有的历史文化作为其本身的宣传特点，在众多的历史街区中较为普通。

O

·作为两个历史街区之间的过渡街区：区域独有的过渡性质使得其在后续发展中，具有多种发展的可能方向；

·区域用地的潜在价值较高：区域占据了较好的地理位置，且在周边文化场所的加持下，地块价值在未来发展中定位较高；

·西侧沿街的老字号传承：沿街商业虽风貌较差，但其种类所呈现出的老北京市井文化的未来发展传承性较好，可带动区域内部经济发展；

·空间改造具有多样性：区域内部可改造空间在分布上较为均匀，在后期的更新改造中便于不同形式开放空间的注入；

·街区性质对其发展局限性较小：同样是作为历史街区，由于其历史保护等级较低，在后续发展中受政策的限制性影响较小，发展更具活力。

T

·难以打造街区独特的文化品牌：街区历史中不具有较为突出的传统文化，在皇城根历史保护区和西四历史保护区之间发展空间较小；

·建筑风貌较差：街区可见的建筑风貌较差，其周边流动性人口增加且愈加复杂，对区域内居民的生活造成一定的安全隐患；

·区域地块割裂：区域内部政治性用地较多，其不可变性对于地区后续形成连续性的发展和规划造成一定阻力。

2.2 老工业区绿色再生

2.2.1
体育运动
综合体规
划设计

2019
太原

9

项目概况：随着城市化进程的加快，部分工业厂房已经不能满足现代化的城市需要，其功能已经不能满足城市规划与城市人民的物质文化需求，面临迫切的转型与再发展压力。本项目涉及改造的厂房总长为187.72m，宽61.64m，建筑面积约为11478m²。厂房建筑结构类型为钢筋混凝土排架结构，共计三跨，跨度分别为24m、18m、18m，建筑高度约为12m，内部空间宽敞明亮，具有良好的空间适应性和可改造性，有利于塑造明亮、开阔、个性、安全的运动空间。

项目特点：厂房本身具有独特的工业风格和工业先驱的气质，裸露的钢梁与混凝土本身就能沉淀一种力量的美感，散发出刚劲有力、顽强拼搏的特质与精神，我们要做的就是通过合理的规划与表现，以原本的厂房为媒介，在确保改造过程结构安全的前提下，响应国家健康中国、全民健身的号召，建设安全、节能、方便、高质量、体验好的全民体育活动健身场所。

设计方案：本项目沿用原有的厂房建筑轮廓，基于内部功能、实际需求和结构安全综合考虑。东侧和西侧的结构由于风向和气候原因，破损极为严重，再利用的价值极低。经过测算，为保证改造过程的安全开展和使用过程中的结构及人身安全，本次设计在最大限度保留原结构体系价值的前提下，经检测后决定北侧拆除，东侧拆除四跨，西侧拆除四跨，同时东侧和西侧各向外扩9m和6m，并对原有的建筑结构、基础等进行结构加固，不仅保留了原厂房的工业气息和肌理，同时赋予原有厂房新的功能，弥补地块所处区域缺少体育活动场地的不足，成为周边的全民体育活动中心。

建筑现状

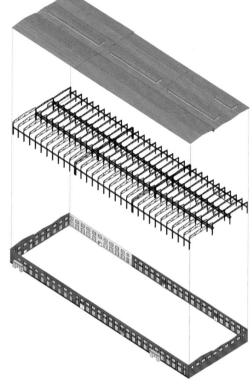

屋顶：损坏严重，需要重新更换。

结构：需要进行加固处理。

外墙体：恢复原风貌。

项目位于山西省太原市，北侧是万科蓝山高层住宅区，东侧是住宅区底商，北邻新义街，交通便利。

旧工业厂房体量较大，三跨跨度分别是 24m，18m，18m。厂房内部分结构保存完好，有约三分之一的结构出现钢筋锈蚀、柱体倾斜等情况，需要统筹考虑保留与新建的关系。

总平面图

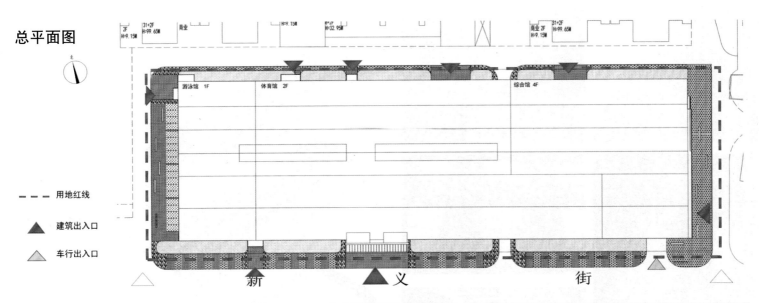

- – – – 用地红线

▲ 建筑出入口

△ 车行出入口

总经济技术指标表	
建设用地面积（m²）	15514.69
总建筑面积（m²）	30932.40
地上（m²）	26853.57
地下（m²）	4078.83
容积率	1.73
建筑基底面积（m²）	12293.28
建筑密度	79.23%
绿地率	8.9%
停车数量（辆）	119

分项技术经济指标			
分类	功能	面积（m²）	总面积（m²）
体育场馆	游泳馆	2272.27	9714.75
	蹦床	1465.59	
	乒乓球馆	281.62	
	VR体验	101.43	
	篮球馆	1254.76	
	攀岩	149.75	
	羽毛球馆	1711.50	
	静态操厅	79.9	
	有氧操厅	185.42	
	固定器械健身区	810.85	
	重力器械健身区	220.99	
	私教健身区（含办公、洽谈）	568.12	
	动感单车	140.31	
	拳击	472.24	

分类	功能	面积	总面积
培训区域	文艺培训区域	688.76	4335.72
	综合道馆	556.85	
	舞蹈培训	535.04	
	围棋培训	169.20	
	儿童体适能	405.67	
	其他培训	1979.80	
商业、休息区域	商业	3528.29	5170.89
	餐饮区	650.80	
	水吧	42.59	
	空中看台长廊	114.12	
	休息区	835.09	
办公区域	办公室	319.28	857.35
	公共餐饮区厨房	324.54	
	员工餐厅	114.47	
	员工餐厅厨房	54.74	
其他功能	淋浴及卫生间	371.37	6819.57
	交通及公共设施面积	6448.20	
地下层功能	地下车库	3324.64	4078.84
	设备用房	754.20	

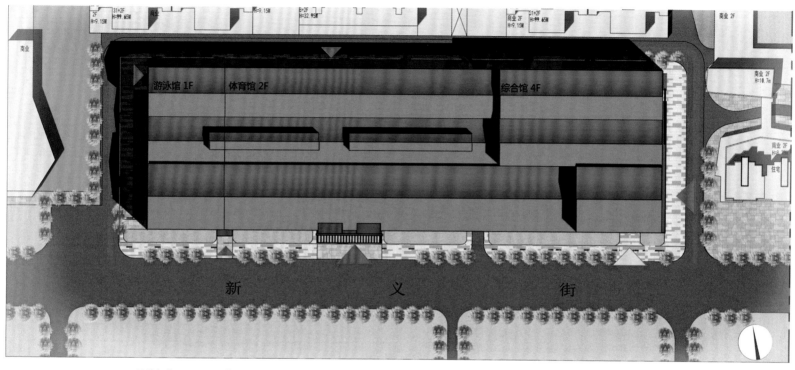

建筑共分为游泳馆、体育馆、综合馆三部分。

为满足功能要求，游泳馆部分为新建结构，采用薄壳屋面，创造良好的室内环境和流畅的建筑造型。体育馆部分采用新建结构与原有结构结合的形式，优先加固并利用厂房原有结构，局部采用新建结构。综合馆部分地下加建地下车库，因此采用新建结构。

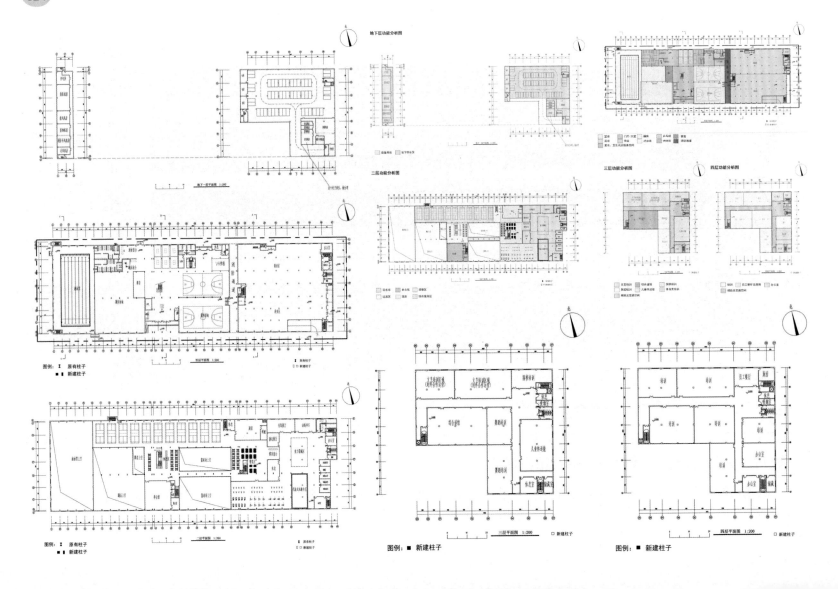

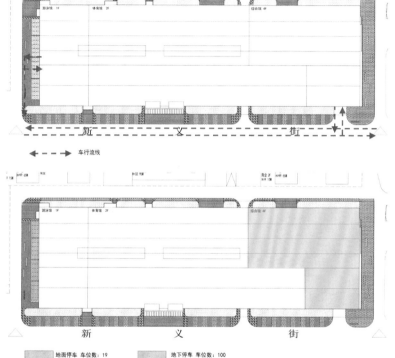

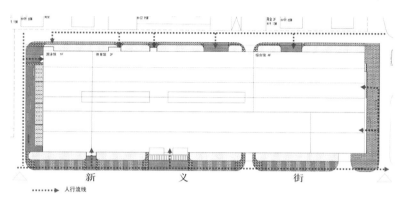

人行流线在满足疏散要求的同时，考虑了使用者进出各场馆的便利性。

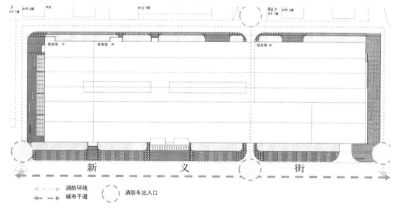

停车场分为地面停车场和地下停车场两部分。考虑到地上面积有限，由于要保证足够的绿化面积和人行道面积，因此将大部分的停车位放在地下。地上停车场可容纳停车 19 辆，地下停车场可容纳停车 100 辆。地下停车场层高按两层机械车位考虑。

待改建厂房南临新义街，是车流量较大的主干道。地下停车场的入口位置充分考虑了停车的便利性。

原厂房长度超过 180m，根据《建筑设计防火规范》，设置穿过建筑内部的消防通道。

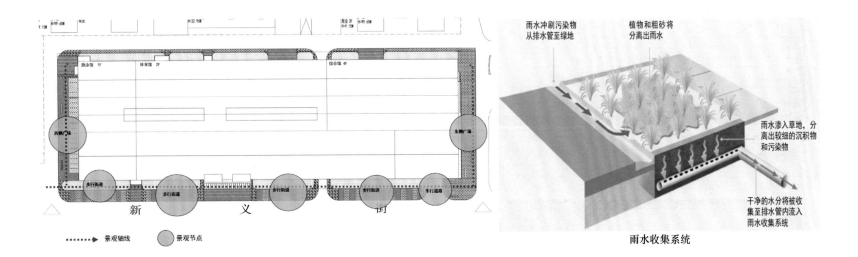

雨水冲刷污染物
从排水管至绿地

植物和粗砂将
分离出雨水

雨水渗入草地，分
离出较细的沉积物
和污染物

干净的水分将被收
集至排水管内流入
雨水收集系统

雨水收集系统

植草砖铺装（透水砖）

硬质铺装（透水砖）

雨水湿地系统

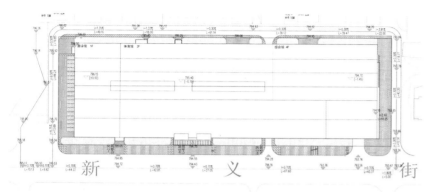

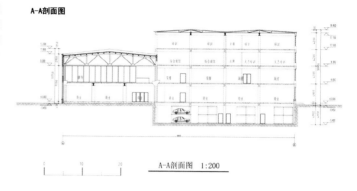

A—A剖面图

A—A剖面图 1:200

B—B剖面图

C—C剖面图

说明：
1.本图坐标系统和高程系统与甲方提供坐标和高程系统一致。
2.设计依据：《城市用地竖向规划规范》（CJJ83—2016），本图所示标高、尺寸单位均以米计，坡度以百分计。
3.本图用设计标高表示法绘制竖向布置图。标出建筑出入口标高、道路交叉点标高、道路变坡点标高、道路或坡道坡长与坡度。
4.本图仅为场地竖向规划方案，不作为施工依据。

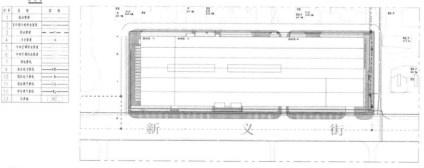

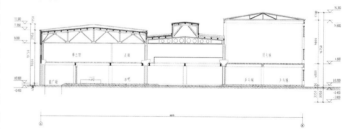

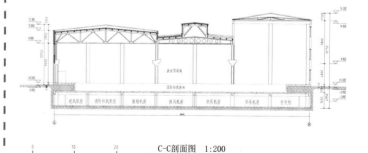

C—C剖面图 1:200

说明：
1.本图依据总平面图,给水、消防总平面图,雨水污水总平面图,室外电力平面图、热力管网平面图,燃气管网平面图等图纸编制而成。
2.当管线垂直发生冲突时，一般应遵循的原则是：小管径管线让大管径管线;压力管线让重力自流管线;可弯曲管线让不易弯曲管线;支管线让主干管线。

方案 **1**

立面方案 1 保留了厂房南北立面的开窗形式，更换原厂房的平开窗为推拉窗，保证各场馆的采光要求与安全性要求。

立面设计中，部分开窗采用高窗形式，在其下的空白砖墙上增添动感人物形象，保证原厂房风貌的同时突出体育场馆的建筑性格。

东侧商业部分主入口向内凹进，弥补了东侧场地不足、商业广场面积较小的问题。立面以"巨型"工字钢样式结合片墙，将商业主入口与培训主入口分别突出，又使它们相互联系。

方案1

　　南北立面按照"最大程度保留厂房原风貌"的规划条件，提取立面元素，更换开窗形式，充分保留原始风貌的同时，力求与现街道风貌相协调。

　　东西立面则主要考虑了功能与形式相适应的原则，东侧增加商业元素，西立面主要满足游泳馆的采光需求。

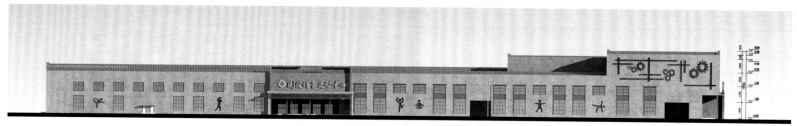

南立面图

北立面图

东立面

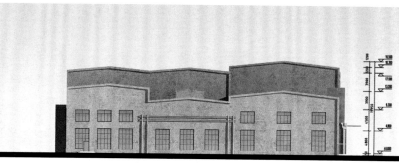

西立面

方案 2

方案 2 在方案 1 的基础上增加了屋顶开窗与屋顶花园，较多地考虑到"第五立面"的利用与观赏性。

方案 2 东立面增加了异形雨棚，突出运动的韵律感。此外，东立面入口广场景观增加雕塑人物形象，凸显了体育建筑的性格和标志性，并增强景观趣味性。增加建筑性格的突出特点，使外部环境更加丰富，更能吸引人流。

方案**2**

方案 2 增加了花窗的造型元素，利用传统红砖砌筑方式的放大化，做出有特色的立面造型。

南立面图

北立面图

东立面

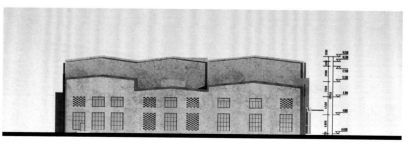

西立面

方案3

立面方案3改造程度较大，在主要体育场馆保持厂房风貌的同时，东立面突破性地采用了玻璃幕墙与红砖的结合，增强了商业气息。

建筑的主入口更加突出，能够成为一座地标性建筑。立面上，上半部分采用较虚的大体块，部分实体块穿插其中，红砖与玻璃互相交映。

室内意向图

方案 **4**

立面方案 4 在立面方案 3 的基础上稍加变动，南北立面采用了弧形的采光带，韵律感与节奏感非常强烈，其建筑风格适合于体育类场馆。并且更加能够吸引人流购物或运动，两者之间做到了融合。大小体块相互穿插，在较实的立面上可悬挂广告牌增加标志性。

室内意向图

2.2.2
风雷仪表
厂改造规
划

2018
西安

10

　　项目概况：20世纪60年代，全国兴起三线建设，在离边境较远的内陆腹地，靠山隐蔽的地方建立工厂。西安地处西北交通门户，境内山川连绵，有陕北高原和陕南山地，这种地形特点符合当时三线建设"分散、靠山、隐蔽"的原则，可借此地形优势备战备荒，保存实力。由此，从我国工业较发达地区搬迁过来许多大型工厂，并调集了一批技术骨干来三线企业安家落户。风雷仪表厂就是在这种历史背景下从上海迁移过来的"秘密"工厂。当地人曾把风雷厂称为"小上海"。风雷仪表厂曾是全国钟表企业的中心，担负着全国民用钟表行业精密检测仪器的生产。从七十年代起风雷仪表厂贯彻"以民养军"精神，开发研制了第一个全国统一机芯手表——"熊猫"牌手表。风雷厂还承担战斗机、坦克、舰艇的计时钟生产。

　　风雷仪表厂厂区位于陕西省西安市长安区子午街道办水寨村村南，占地面积105亩，厂区内杂草丛生，建造年代久远，多为20世纪60、70年代的建筑，且大部分建筑处于闲置状态。

　　风雷厂文化历史深厚，厂区内建筑具有特殊的年代感，是时代影视剧的理想取景地；场地宽阔且建筑结构可靠性高，给大规模的场景布置和拍摄带来极大的便利；同时，厂区地处偏远加上废弃许久，人员流动较少且厂区氛围幽静，适合影视剧的拍摄创作。

文化资源

唐代长安曾以出产美酒闻名，唐代十三种名酒之一的"西市腔"即产于此。长安作为都城，各地名酒荟萃，酒文化丰富，流传至今。

西安茶文化拥有着悠久的历史渊源，中国早期的茶文化产生于黄河农业文化的中心区域陕西。汉唐以茶为媒，文化繁盛、民族交融，茶事鼎盛。

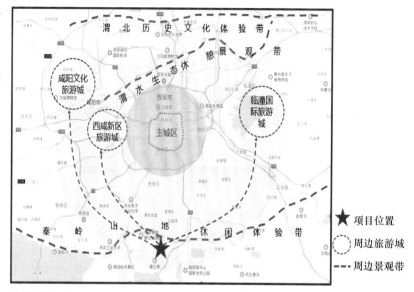

★ 项目位置
◯ 周边旅游城
- - - 周边景观带

建筑资源

风雷仪表厂厂区位于陕西省西安市长安区子午街道办水寨村村南，占地面积 105 亩，厂区内杂草丛生，共有 68 栋建筑，多为 60、70 年代的建筑，且大部分建筑处于闲置状态。

西安风雷仪表厂具有拍摄时代影视剧优越的条件，场地宽阔且建筑结构可靠性高，给规模的场景布置和拍摄带来极大的便利。

地理资源

项目所处地段具有优越的地理环境和景观环境，可营造出秦岭独有的山水生态家园形象。项目能够使自然资源与城市资源有机结合，创造清幽舒适的旅游环境，为其长远发展提供高品质的先天条件。随着消费者回归自然意识的增强，越来越倾向于市郊游玩休憩，可为项目带来源源不断的客源。且借助西安市的政策优势，项目的地理环境价值将得到提升。

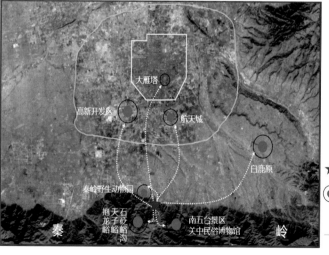

★ 项目位置
◉ 周边资源
二环路
—— 绕城高速

方案设计

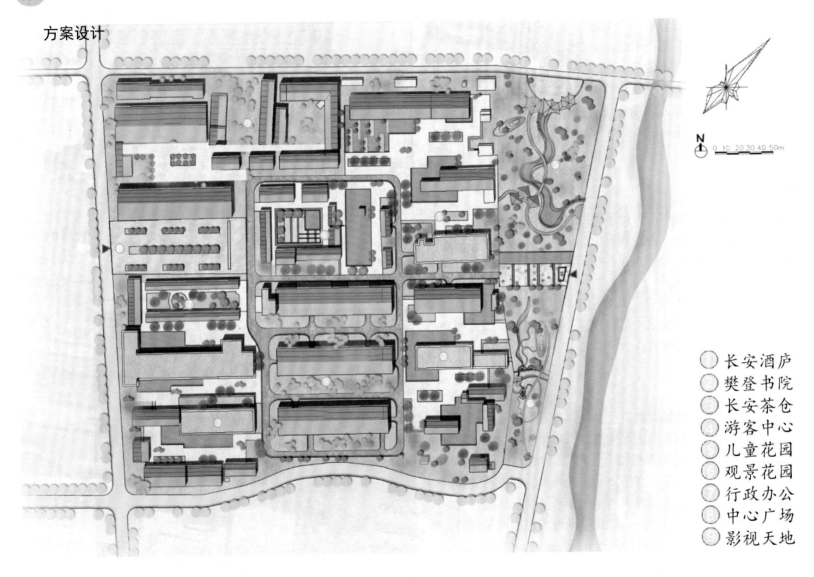

①长安酒庐
②樊登书院
③长安茶仓
④游客中心
⑤儿童花园
⑥观景花园
⑦行政办公
⑧中心广场
⑨影视天地

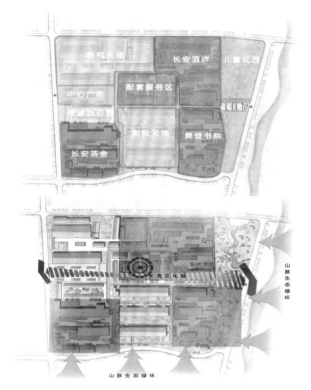

本项目拟依托厂区文化与当代建筑背景，形成以品质生活为主题，以酒文化、茶文化为主，影视文化为辅的高品质城市会客厅。产业新颖多元，配套设施齐全，不仅可以满足剧组拍摄，还配以齐全的娱乐服务设施、结合优美的自然环境吸引游客前来休闲度假。

依托"长安酒业"两大功能业态：长安酒庐、长安茶仓。依托园区良好环境两大功能业态：樊登书院、影视天地。配套服务区、观景花园、行政办公区、中心广场能更好提升园区生活品质。

本方案依托秦岭优渥的自然资源，以水为脉，打造园区风景。方案提倡保留园区外部环境与建筑外立面，尽可能保留更多的影视拍摄空间和园区原始文化，对外部环境做"减法"；同时对内部空间尽可能高效利用，适当夹层、改造，对内部环境做"加法"。

秦岭自然风光为园区提供生态环境，长安文化轴线贯穿三大功能分区。三大功能分区构成一个"品"字："以酒会客，品味生活""以茶会友，品味自然""以书会己，品味人生"。

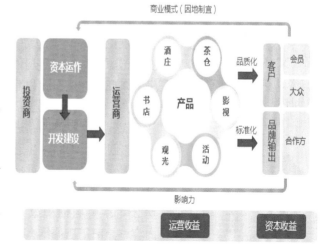

根据对目前商业盈利模式的分析与对比，建立适合该项目的特色商业模式。考虑园区面积较大，投资成本较高，建议分三期建设，逐步完善。

第一期：依据自有资源及特色优势，引入酒庄产业，创立"壹品长安"品牌。

第二期：增加茶仓、书城等业态，吸引更多消费群，逐步资本回收，提升园区知名度。

第三期：配合秦岭观光，增加休闲、娱乐、餐饮、住宿等配套服务，举办系列活动，扩大园区影响力。

2.2.3
871文化
创意工场
规划设计

2017
云南

11

项目概况：随着城市发展的进程，对城市环境品质的要求将越来越高，主城区范围已不适宜继续发展传统工业，转型发展已成为必然趋势。871文化创意工场项目在不改变原昆明重工地块工业用地性质及权属的情况下，最大限度保护原有场地、厂房的独特历史风貌和人文特点，通过适当改造基础设施、外部环境、内部结构，利用老旧厂房所体现的历史文脉和特色，建设国内一流、国际知名的文化创意产业园区。

项目特点：871文化创意工场项目充分尊重企业原有的历史文脉及工业特质，在工业＋文化的后工业时代，紧紧抓住云南建设"民族团结进步的示范区，生态文明建设的排头兵，面向南亚、东再亚的辐射中心"的战略机遇，以互联网＋"创意＋工业＋生态＋民族＋旅游"的综合发展模式，将项目打造成文化创意产业园区综合体，展现昆明印象、七彩云南，成为面向南亚、东南亚地区辐射与"做客云南"的"春城大厅"。

设计方案：占地约58万平方米（约871亩，其中主体区640亩，871西区等其他区域约231亩），现有重型工业厂房25栋，建筑面积约15万平方米，结构完整，立面完好，具有明显的工业风格，极具保护利用价值。主要建设内容一是旧厂房修缮；二是原厂区基础设施改造（水电气、通信、排污、管网等）。

区位分析

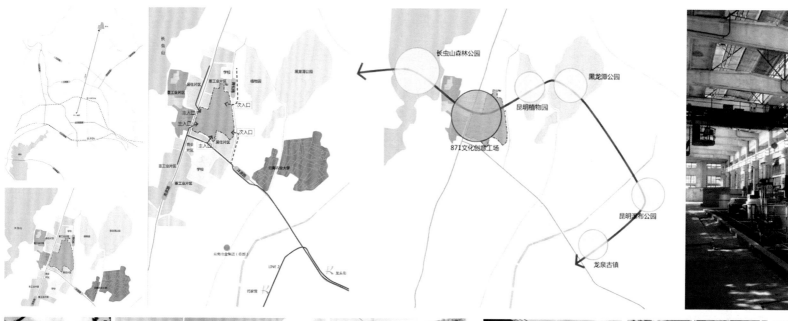

龙泉路公交站

龙泉路

龙头街地铁站

现状分析

沣源路

沣源路龙泉路交叉口

青松路

现状分析

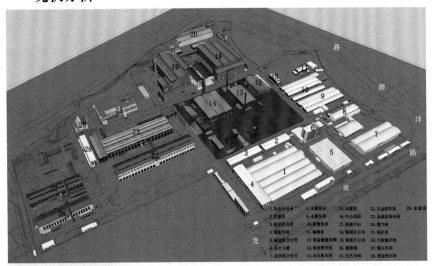

1. 冶金分公司　　　8. 水根库房　　　15. 电修组　　　22. 大金焙车间　　　29. 水泵房
2. 档案馆　　　　　9. 木根车间　　　16. 中心花园　　　23. 金属结构车间
3. 配套养仓库　　　10. 旋物货库　　　17. 招商中心　　　24. 煤气站
4. 装车间　　　　　11. 咖啡厅　　　　18. 铸锻分公司　　25. 烧炉房
5. 减速机分公司　　12. 设备维修车间　19. 铸铁分公司　　26. 凸轮轴车间
6. 办公大楼　　　　13. 热处理车间　　20. 新铸锻　　　　27. 锻压车间
7. 拉丝机分公司　　14. 水压机车间　　21. 有色车间　　　28. 报废处理车间

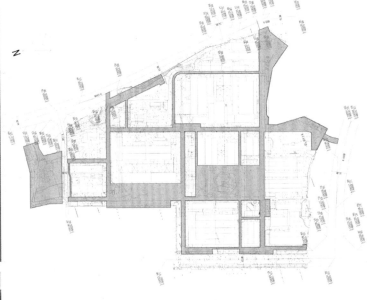

青松路次入口区

煤气站区

龙泉路1号门主道路区

停车场区

沣源路主入口区

停车场区

纵横交错的管道、陈旧的老车间、充满文艺气息的画廊、色彩鲜明的涂鸦……作为盘龙区传统机械制造企业向文创产业转型的见证，2016年正式投入运营的871文化创意工场正向昆明文化地标迈进。

871核心园区有水压车间、热处理车间、设备维修车间。水压车间是三跨建筑，北侧一垮拟建设为工业博物馆，南侧两垮拟建设为会展中心。热处理车间位于本次核心区域的中间区域，建筑东西长85.64m，南北宽47.27m，为两跨建筑。北侧建筑高度16.2m，南侧建筑高度11.1m。

改造原则

可
识
别
原
则

强调建筑的原装性。如果对原建筑需要更换构件时，新更换的部分要和原来部分能区分开来，从而最大限度保护原构件所携带的历史文化信息。修缮中应当尽量采用传统材料和工艺，传统技术不能解决问题时，再采用新的材料和技术。如果必须要采用现代技术，这些与原建筑不相符合的构件应当与原结构明显地区别开来，并且对于过程建档保存，以备后人了解和评价。

不
可
改
变
原
状

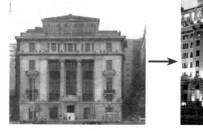

优秀历史建筑，它的价值在于是历史上遗留下来的东西，不可能现生产再建造，一经破坏无法挽回。三种主张：（1）完全保存现状；（2）完全恢复原样；（3）介于两者之间。

昆明重工的工业遗存得以保留并需要重新定义、焕发生机，用事实证明昆明重工不仅能够在工业时代创造辉煌，而且能够在文化时代再创辉煌。

规划设计

规划核心区
周边建筑

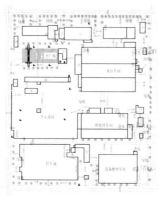

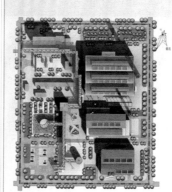

规划范围如图所示，现状主要包括堆货场、中心花园、停车场、水压车间、热处理车间、设备维修车间。本次规划的区域位于整个园区的核心区域。此区域的成功打造对于盘活整个文化创意产业园区起到重要的作用。

设计评价

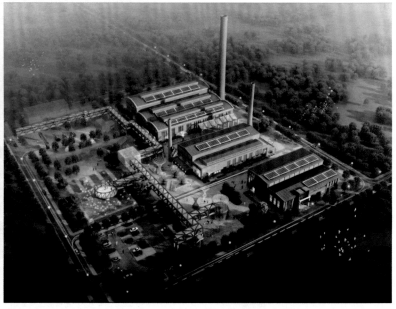

1.整个园区的串联：整个园区的串联考虑到传统工业的形式,大型钢架做成步行廊道,人们步行其中感受工业的文明、时代的变迁。

2.核心园区的打造：核心园区的打造,为了吸引人气,我们通过灯光的梦幻组合,突出园区的核心区域,以一传十、十传百的效应,把871文化产业核心园区的特色,迅速传播开去。

3.建筑的改造：本次建筑的改造,保留主体框架,建筑外墙尽量保留,新建墙体尽量采用厂房本身的墙体。本次要求：水压车间改造为博物馆和会展中心,热处理车间改造成电影院,设备维修车间改造成影视基地。

设计评价

本次规划的区域位于整个园区的核心区域。此区域的成功打造对于盘活整个文化创意产业园区起到重要的作用。

871 文化创意产业园的成功打造、知名度的提高，都离不开人气的聚集。那么如何吸引人气、通过什么方式引来人群、主要吸引哪些群体、整个园区怎么打造、核心园区怎么处理，是我们本次规划重点考虑的问题。

博物馆与会展中心

原建筑尺寸：35.5m×84.0m

原建筑高度：22.4m

原建筑功能：水压车间

置入功能：博物馆、会展中心

电影院

原建筑尺寸：85.64m×47.27m

原建筑高度：16.2m

原建筑功能：热处理车间

置入功能：电影院、办公

影视基地

原建筑尺寸：60.0m×42.0m

原建筑高度：16.0m

原建筑功能：设备维修车间

置入功能：体验中心、演出中心、办公

博物馆与会展中心

博物馆与会展中心由原有水压车间改造而成，充分利用现状，高效利用空间。

博物馆设计既有工业建筑的厚重感，同时拥有博物馆特色的时尚感。会展中心设计采用玻璃装饰，既符合会展中心的现代感，又能与工业建筑形成视觉对比。

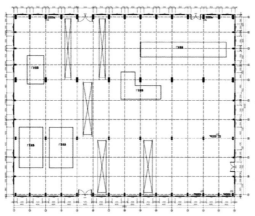

原有建筑实测图

室内意向图

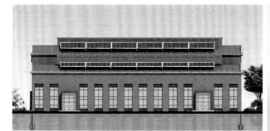

南立面

西立面

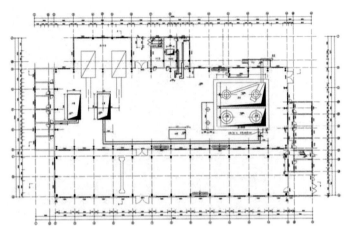
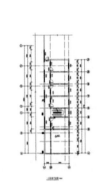

原有建筑实测图

电影院

　　电影院由原有热处理车间改造而成，尽量保留现有结构，对空间充分加以利用。

　　电影院立面尽量在保存工业建筑味道的同时，反映建筑功能，增加电子显示屏幕，布置海报，主入口简单大方，很好地衔接了现有建筑立面，同时又有现代感、时尚感。

东立面

北立面

影视基地

影视基地由原有设备维修车间改造而成，充分利用现状，高效利用通高区域。

影视基地立面布置具有艺术性、变化感，工业构件丰富立面造型，又不失对原有建筑的保护。主次分明，造型挺拔，与工业建筑的表皮形成对比。

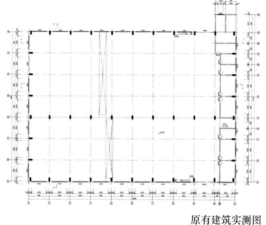

原有建筑实测图

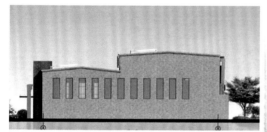

东立面

北立面

室内意向图

2.3　综合园区绿色再生

2.3.1
公寓楼更
新改造设
计

2017
西安

12

项目名称：公寓楼更新改造设计

项目概况：本次装修改造设计项目位于西北大学桃园校区（高新四路155号），原为学生公寓6号楼，该楼建于2002年，砖混五层，总建筑面积约5000m²，共有房间146间，改造后使用功能为培训公寓。

项目特点：（1）与房间新增功能相配套的建筑设计；（2）改造后室内的装饰设计；（3）加设室外电梯的设计；（4）与改造设计相配套的加固设计；（5）设计改造后需要达到准三星级以上宾馆标准。

设计方案：本次设计在满足基本的要求之外，还要合理根据场地对宾馆门厅进行处理，设计有3个方案，供甲方进行选择。内部根据不同的需要设置，改造后使用功能为培训公寓，计划按标准间和普通间两种设计建设，将原学生公寓6号楼1~2层共66间房改造成普通2~4人间，内带淋浴间，重新装饰装修；将3~5层共80间房改造成标准间，按普通商务酒店标准装饰装修。设计将建筑景观和人文景观有机融合，打造集人文、舒适、实用为一体独具特色的"培训公寓"。

公寓 6 号楼，建于 2002 年，砖混 5 层，共有房间 146 间，总建筑面积共为 5000m²。

公寓楼现状照片

公寓楼测绘图

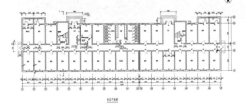

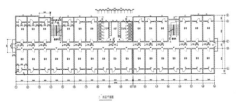

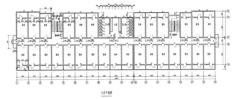

设计理念

本次设计，将校园内得天独厚的文化气息引入建筑改造设计中，把建筑景观和人文景观有机融合，在现有条件下以节约材料、利用现有资源、保护环境为出发点，以舒适、简洁、大方为目标，以招标方需求为导向做好改造设计工作，打造集人文、舒适、实用为一体独具特色的"培训公寓"。

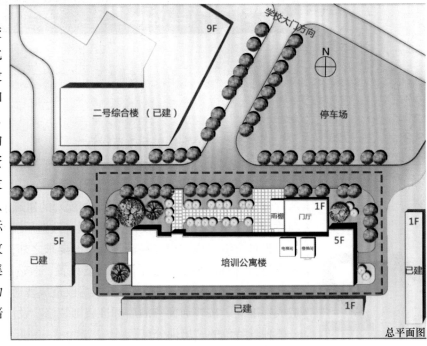

总平面图

方案设计图

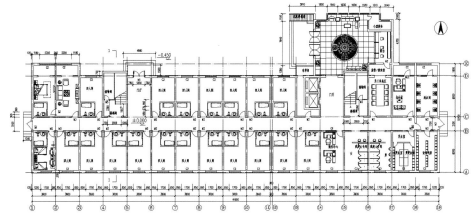

首层平面图 1:100

首层平面图

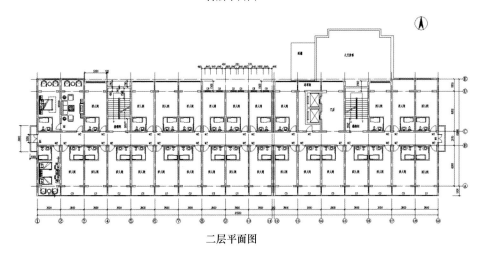

二层平面图

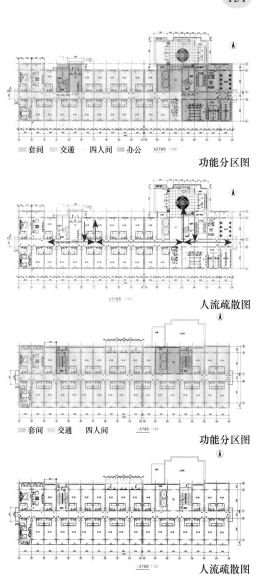

功能分区图

人流疏散图

功能分区图

人流疏散图

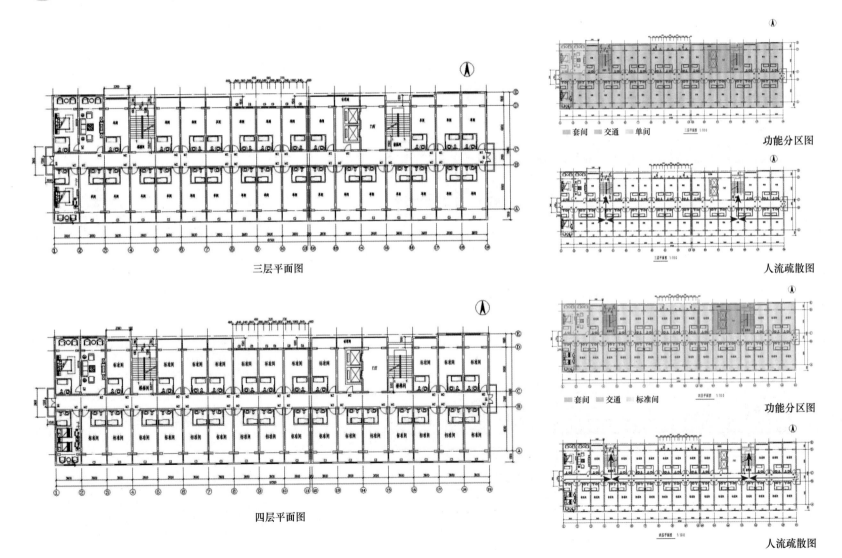

三层平面图

功能分区图

■ 套间　■ 交通　■ 单间

人流疏散图

四层平面图

功能分区图

■ 套间　■ 交通　■ 标准间

人流疏散图

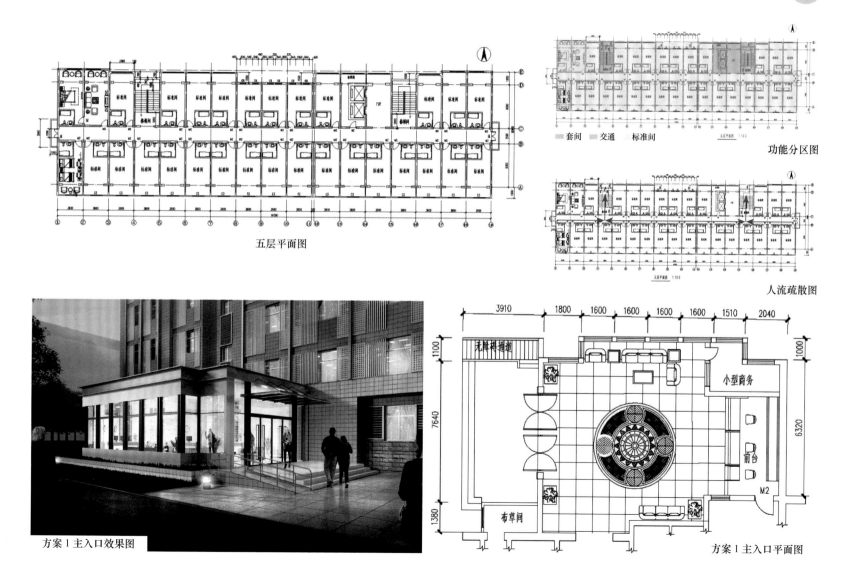

五层平面图

功能分区图

人流疏散图

方案1主入口效果图

方案1主入口平面图

方案 1 效果图

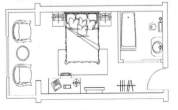

单间放大图

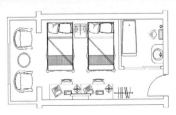

标准间放大图

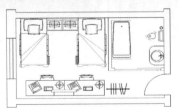

四人间放大图

套间放大图

内部装修意向图

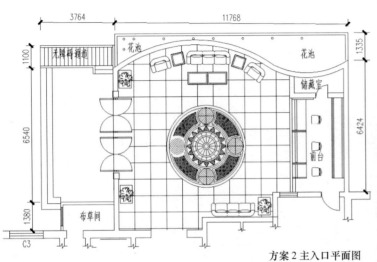

方案 2 主入口平面图

方案 2 主入口效果图

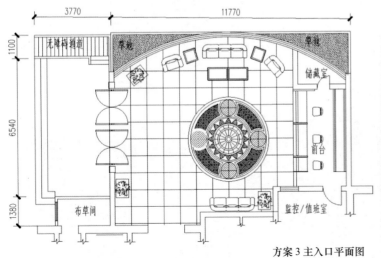

方案 3 主入口平面图

方案 3 主入口效果图

方案 2 效果图

方案 3 效果图

2.3.2
长安酒厂
东门入口
景观设计

2018
西安

13

　　长安酒厂入口设计在企业定位的基础上，进行深化设计。长安酒业通过"一带一路"政策扶植下的良好开端，希望长安酒作为丝绸之路上重要节点发挥好带头作用，与国外企业进行深入合作实现共赢，精益求精，将中国制造推向世界。

　　方案设计集合企业文化、场地特点进行设计。设计以历史遗迹凤栖泉为核心进行打造，整体设计寓意龙凤呈祥。

现状场地分析

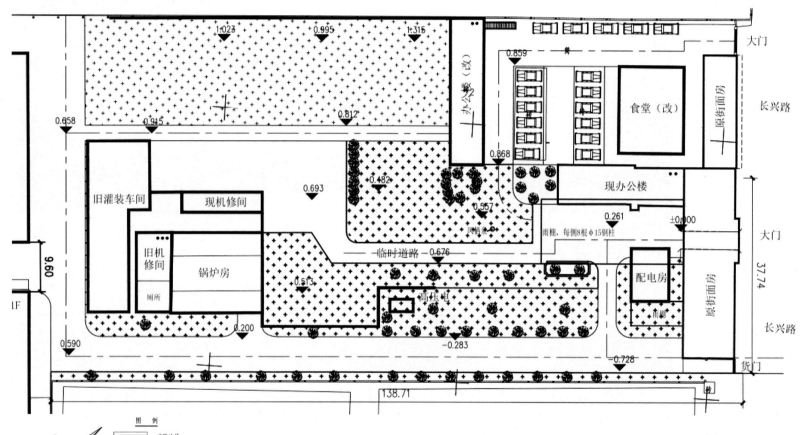

交通：根据现场测绘，与广场有着直接与间接关系的大门有三处，分别位于食堂北侧，办公楼南侧以及配电房南侧的货门。

停车：根据现场情况，广场有停车的需求，目前广场南侧较低处，以及广场上均有车辆停放。

景观品质：现状广场上存在一定的绿化树木，但是土地裸露严重，景观品质不佳。

现状地形：根据现场测绘，广场相对比较平坦，位于广场南侧的一块矩形区域，地势相对较低，广场与南侧道路存在高差。

文化典故：场地中存在一处历史遗迹——凤栖泉，凤栖泉是长安酒厂的缘起，景观设计中给予充分的考虑。

设计思路
龙造型提取

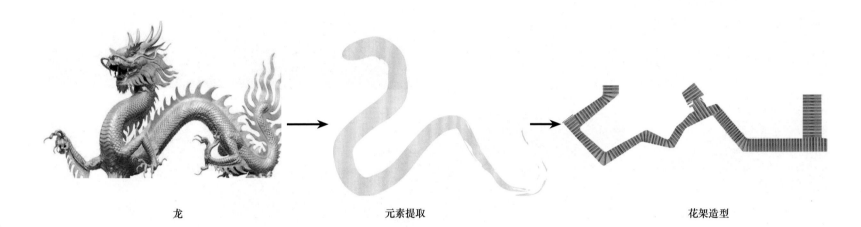

龙   元素提取   花架造型

凤   元素提取   铺地造型

设计方案

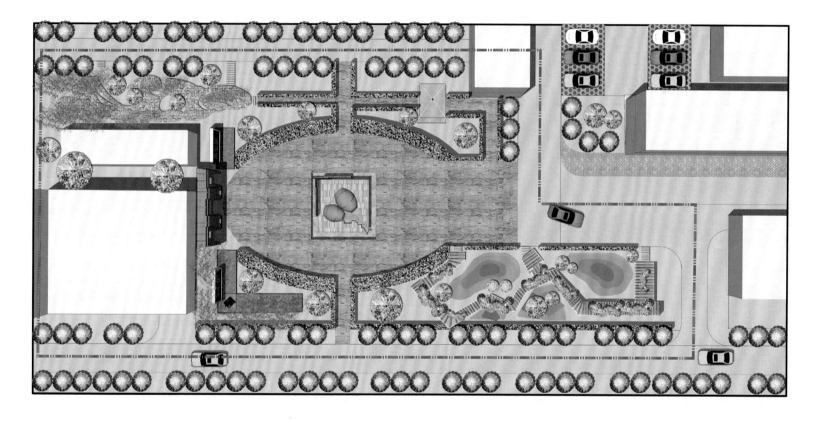

　　广场设计以龙凤呈祥为主题，龙、凤头部朝向凤栖泉中心景观。中心景观设计为活水，由两个大酒罐子内部流出，与酒厂的主题相契合。广场西部建有以长安城墙为主旨的景观墙，两侧墙体可考虑相关文化雕刻，底部建有水池。东北角建设亭子一座，广场铺地采用大面积关中特有青砖材质。

设计方案

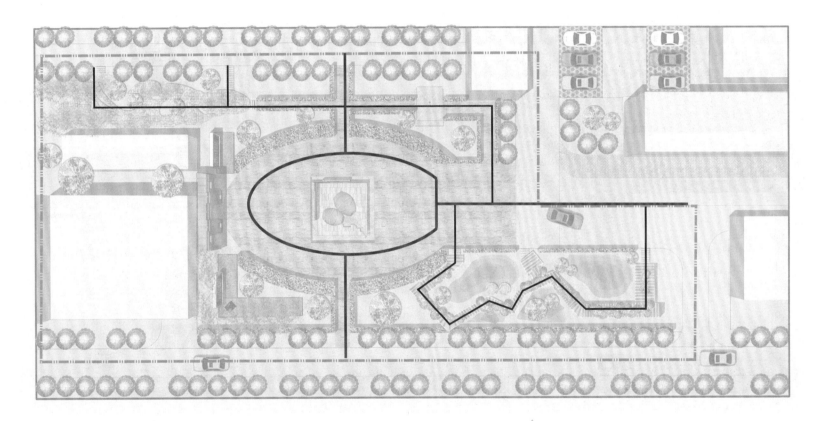

广场设计采用两级道路，分别为主要步行路线和参观路线。

设计效果图

绿化与步行廊道相结合，增加了景观层次，为厂区使用人员提供了舒适、环境优美的休憩空间。廊道采用半镂空的隔断围合，形成"隔而不断"的空间，隔挡了人流，延续了视线。隔断多利用中国传统纹饰及企业文化相关的宣传板，既有实际作用，又增加了人文意蕴。

同时，设计中保留了原厂区内树木与泉水标识处，使得景观既有新意，文脉底蕴又得以传承，长安酒业一脉相承的企业文化如泉水般流淌，生生不息。

景观雕塑、局部小品等都体现了酒厂的特点与氛围。

2.3.3 展览路街区改造

2018 北京

14

项目概况：展览路街区位于西城区，在调研中发现很多问题、比如景观匮乏、道路狭窄过车不便、建筑质量差等。但是展览路也有许多优势，比如它的地理位置非常优越，周围的商业也很发达，非常方便，在这么一个黄金宝地，私搭乱建的现象也很严重，非常影响美观。

项目特点：（1）展览路街区住宅分布散乱，并且绿地景观不集中，缺乏开放空间，因此集中住宅区，使邻里关系联系密切；（2）为了减少小区住宅组团内行驶车的数量，提高小区居民的安全性和舒适性，小区设有两个集中地下车库，且地下车库出入口设置在小区出入口处；（3）展览路街区幼儿场所配备缺乏，因此配套幼儿园并设置专门的儿童娱乐场所，并且用橡胶地面保证儿童安全。

设计方案：（1）改造商业不集中问题，把商业放中间，住区和学校放两边，保留了一些能够赋予新功能的建筑；（2）设置步行街，两侧有沿街商铺和商业广场，最中心的景观是一个下沉广场。

展览路历史沿革

1906 年 ·········

北京动物园的历史可追溯到清朝光绪三十二年（1906 年）。当时被称为"万牲园"，它的前身是清农工商部农事试验场，试验场是在原乐善缘、继园和广善寺、慧安寺旧址上所建，初衷是为学习西方先进经验，"开通风气，振兴农业"。

1950 年 ·········

中国矿产公司成立

1955 年 ·········

1955 年，北京天文馆正式对外开放，坐落于西城区西直门外大街 138 号，占地面积 20000m^2，建筑面积 26000m^2，是中国第一座大型天文馆，也是亚洲大陆第一座大型天文馆。

1959 年 ·········

国谊宾馆成立

1965 年 ·········

在新建成的苏联展览馆，举办了"苏联经济及文化建设成就展览会"。
始建文兴街小学

1980 年 ·········

设置阜外街道

区位分析

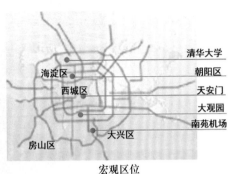

清华大学
朝阳区
天安门
大观园
南苑机场

海淀区
西城区
大兴区
房山区

宏观区位

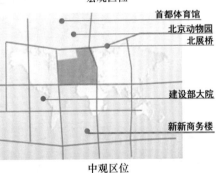

首都体育馆
北京动物园
北展桥

建设部大院

新新商务楼

中观区位

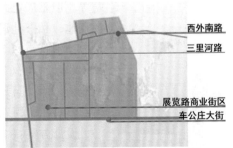

西外南路
三里河路

展览路商业街区
车公庄大街

微观区位

前期分析

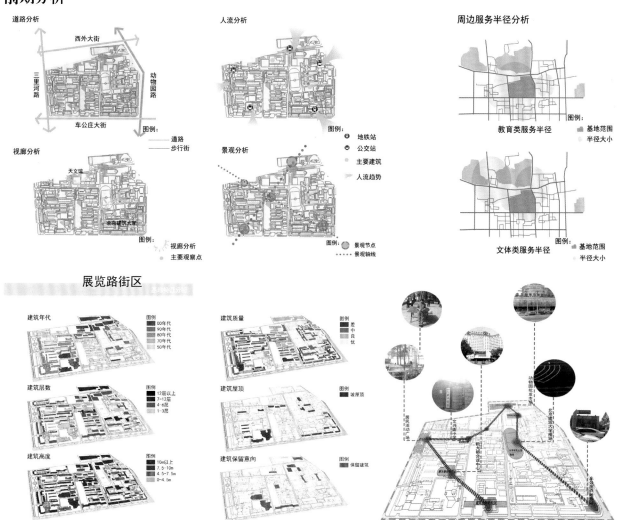

道路分析

西外大街

三里河路

动物园路

车公庄大街

图例：
—— 道路
—— 步行街

视廊分析

天文馆

北京建筑大学

图例：
视廊分析
主要观察点

人流分析

图例：
地铁站
公交站
主要建筑
人流趋势

景观分析

图例：
景观节点
景观轴线

周边服务半径分析

教育类服务半径

图例：
基地范围
半径大小

金融服务半径

图例：
基地范围
半径大小

文体类服务半径

图例：
基地范围
半径大小

医疗类服务半径

图例：
基地范围
半径大小

展览路街区

建筑年代

图例：
00年代
90年代
80年代
70年代
50年代

建筑层数

图例：
12层以上
7-12层
4-6层
1-3层

建筑高度

图例：
10m以上
7.5-10m
4.5-7.5m
0-4.5m

建筑质量

图例：
差
中
良
优

建筑屋顶

图例：
坡屋顶

建筑保留意向

图例：
保留建筑

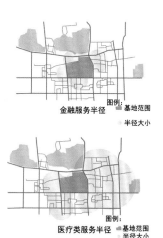

在调研过程中，我们发现附近的居民及游客主要活动区域为：新大都会议中心、中国建筑设计集团、动物园批发市场、社区活动广场、北京建筑大学广场，以及动物园交通枢纽和车公庄西地铁站。并且，在不同时间段，人们所倾向的活动场地也是不同的，所以我们同时进行了分时段的调研。

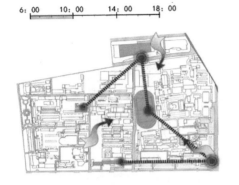
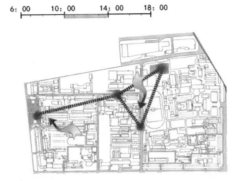
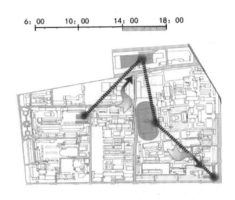

早晨6点到8点活力点在动物园公交枢纽，朝阳庵活动区、文星街小区，以及北京建筑大学操场，很多人来操场晨练。

早晨8点到11点，活力点主要集中在公交枢纽，此时动物园批发市场是一个非常大的活力点，设计院以及文兴街社区服务站是上班时间段。

11点到1点是中午时段，有餐饮的地方便成为了活力点高的地方，在朝阳庵的周围有很多小餐馆，还有东南的"成都小吃"，动物园批发市场和公交枢纽依旧是活力点。

下午4点到6点，公交枢纽依旧是活力点，朝阳庵的社区花园也有很多人进行锻炼，同时到了晚餐时段，餐饮和锻炼的场地又成为了主要的活动点。

通过调研我们可以发现，居民需要更多的开放空间进行活动，交通枢纽处无论何时都是一个重要的活动点，所以我们在改造的时候可以在此处多设立一些服务设施，增强餐饮业，并且可以设立一个办公商圈。

私搭乱建

我们在调研过程当中发现最重要的问题是私搭乱建很严重，有的是住人的，有的是储物间，有的是小超市，在后期改造中要把这些私搭乱建都拆除。

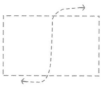

寻找地块的"脉"即轴线，选择中间贯穿的轴北面穿过公交枢纽，南面连接新大都饭店。

景观匮乏

我们在调研过程中发现景观非常匮乏，只有简单的几棵树，树木的数量也非常少，甚至有的树已经枯萎，我们在改建过程中要建立一个完整的景观。

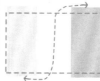

轴线将地块分为三块，西面整合原有的住宅形成生活区，东面的依据原来的北京建筑大学形成大学区。

建筑破败

第三个问题是建筑比较破败，建筑质量不好，位于西直门的展览路整体建筑质量都很差，在后期改造过程中我们要改造建筑质量问题。

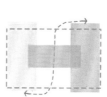

有了生活区和大学区，自然在中间生成商业服务经济区，满足周边人的日常需求，包括餐饮购物娱乐，同时商业经济区建立城中综合体，满足办公需求，增加就业机会，吸引年轻人回流，调节此处老年人为主的社区环境。

道路狭窄

第四个问题是道路狭窄，过车和走人都非常不方便，有的路甚至只能过一辆车，别的车还需要让行，这样对行人的安全造成隐患，所以这点需要改善。

原场地居住区十分分散　　　　改造后

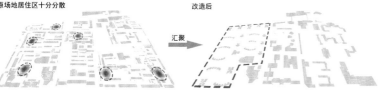

汇聚

原肌理　　　　改造后有集中开放广场

绿化+水系

保留建筑功能的改变

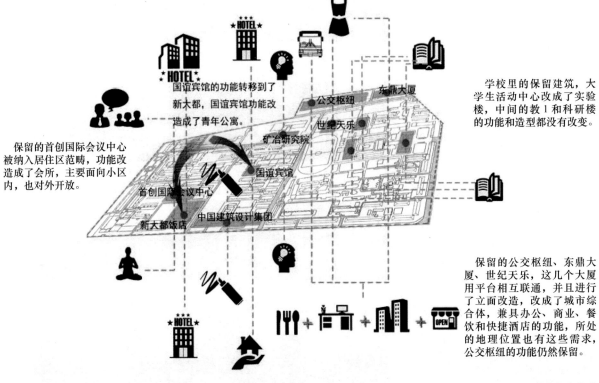

寻"脉"

居住区演变

＋

商业演变

＋

学校演变

国谊宾馆的功能转移到了新太都，国谊宾馆功能改造成了青年公寓。

学校里的保留建筑，大学生活动中心改成了实验楼，中间的教1和科研楼的功能和造型都没有改变。

保留的首创国际会议中心被纳入居住区范畴，功能改造成了会所，主要面向小区内，也对外开放。

公交枢纽　东鼎大厦

世纪天乐

矿冶研究院

国谊宾馆

首创国际会议中心

中国建筑设计集团

新大都饭店

保留的公交枢纽、东鼎大厦、世纪天乐，这几个大厦用平台相互联通，并且进行了立面改造，改成了城市综合体，兼具办公、商业、餐饮和快捷酒店的功能，所处的地理位置也有这些需求，公交枢纽的功能仍然保留。

为增加空间之间的互动和联通，用通道和平台结合将独立的建筑联系起来，在平台设置绿地和咖啡厅使通道也兼具活动娱乐的功能，增强相互联系。

同时在空中构建平台，将一层的交通功能抬高，缓解交通拥堵，自然地人车分流，一层二层各自形成交通系统。

景观轴线分析图

图例：
░ 景观渗透
◉ 次要景观节点
◉ 主要景观节点
━ 景观轴线

地下停车空间分析图

图例：
➡ 停车场入口
▨ 地下停车空间

步行景观轴线分析图

图例：
▬ 步行景观轴线
景观节点

地面停车分布分析图

图例：
▨ 地面停车场
┅ 路边停车

视角分析平面图

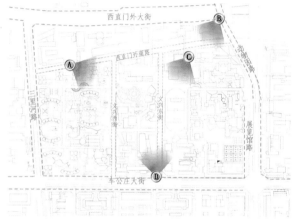

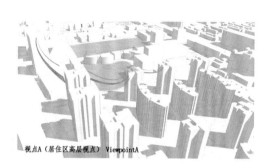

视点A（居住区高层视点）ViewpointA

视点B（快捷酒店视点）ViewpointB

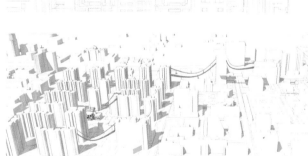

视点D（车公庄大街视点）ViewpointD

节点设计

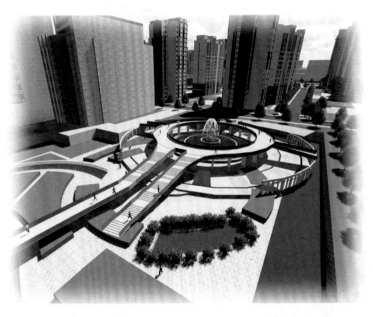

流线分析　　　　停留空间　　　　景观分析　　　　视角分析

下沉广场分析：

从未改造的场地地图可以看出，建筑分布凌乱，但该区域却是主要的活力点，无论是早晨、中午亦或者是晚上，所以我们可以将其改造成一个商业中心，并以一个下沉广场为辅助，丰富其景观。喷泉的设计也是十分亲人的，通过长台阶环绕，行人可自由行走。B1层多为咖啡厅、餐厅、便利店，广场还设有露天桌椅，可供休息。B1同样设有商场入口，非常方便。广场西南角建筑为青年公寓和老年公寓，商业街为青年提供了购物的便利，下沉广场为老年人提供了锻炼及休闲健身的便利。道路多为弧线设计，增加了行人行走的趣味性。

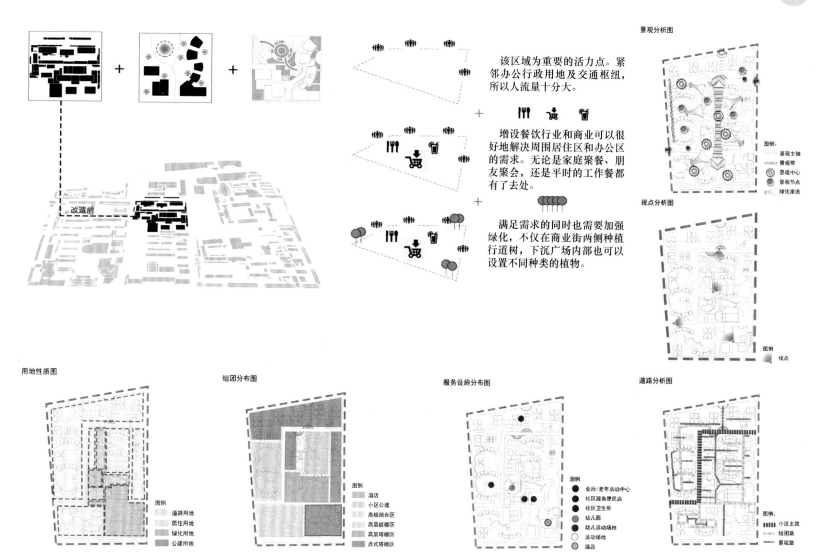

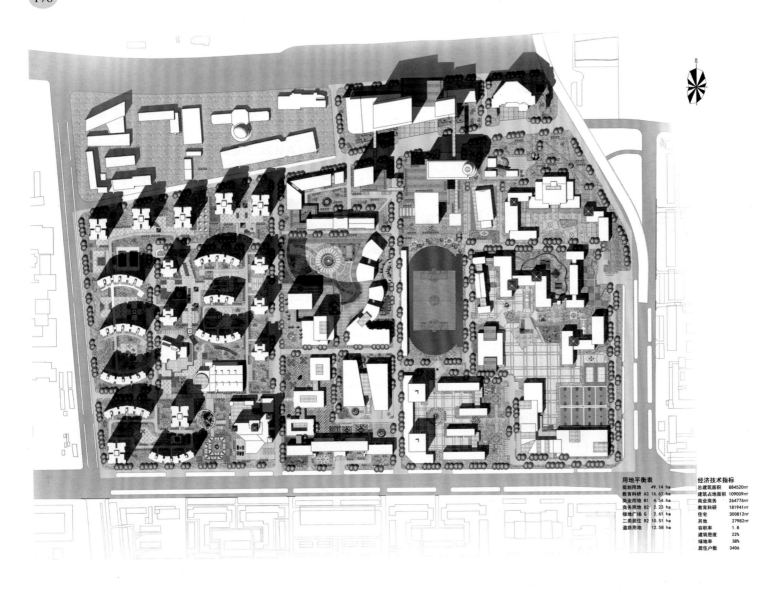

用地平衡表		
规划用地		49.14 ha
教育科研	A3	16.67 ha
商业用地	B1	4.54 ha
商务用地	B2	2.23 ha
绿地广场	G	2.61 ha
二类居住	R2	10.51 ha
道路用地		12.58 ha

经济技术指标	
总建筑面积	884520m²
建筑占地面积	109009m²
商业商务	264776m²
教育科研	181941m²
住宅	300812m²
其他	27982m²
容积率	1.8
建筑密度	22%
绿地率	38%
居住户数	3406

学校节点

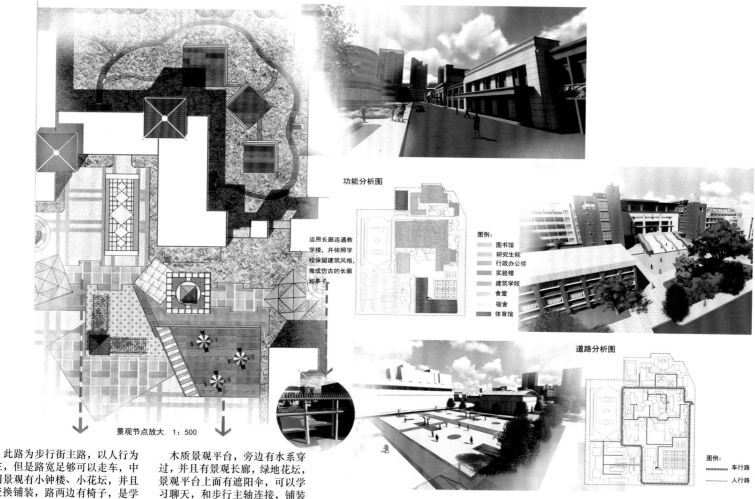

功能分析图

图例:
图书馆
研究生院
行政办公楼
实验楼
建筑学院
食堂
宿舍
体育馆

运用长廊连通教学楼,并依照学校保留建筑风格,做成仿古的长廊和亭子

景观节点放大 1:500

道路分析图

图例:
车行路
人行路

此路为步行街主路,以人行为主,但是路宽足够可以走车,中间景观有小钟楼、小花坛,并且变换铺装,路两边有椅子,是学校的主要景观轴线。

木质景观平台,旁边有水系穿过,并且有景观长廊,绿地花坛,景观平台上面有遮阳伞,可以学习聊天,和步行主轴连接,铺装变化;行走在其中,非常享受。

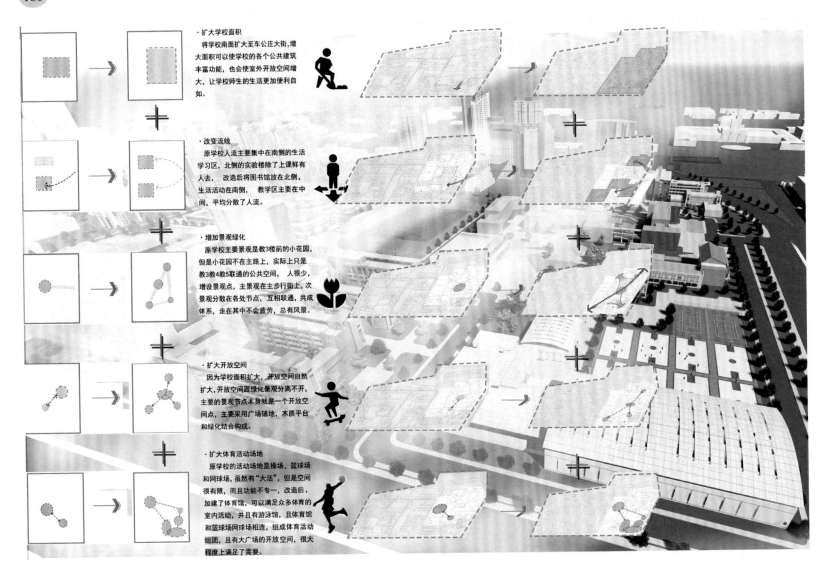

· 扩大学校面积

　　将学校南面扩大至车公庄大街，增大面积可以使学校的各个公共建筑丰富功能，也会使室外开放空间增大，让学校师生的生活更加便利自如。

· 改变流线

　　原学校人流主要集中在南侧的生活学习区，北侧的实验楼除了上课鲜有人去，改造后将图书馆放在北侧，生活活动在南侧，教学区主要在中间，平均分散了人流。

· 增加景观绿化

　　原学校主要景观是教3楼前的小花园，但是小花园不在主路上，实际上只是教3教4教5联通的公共空间，人很少，增设景观点，主景观在主步行街上，次景观分散在各处节点，互相联通，共成体系，走在其中不会疲劳，总有风景。

· 扩大开放空间

　　因为学校面积扩大，开放空间自然扩大，开放空间跟绿化景观分离不开，主要的景观节点本身就是一个开放空间点，主要采用广场铺地，木质平台和绿化结合构成。

· 扩大体育活动场地

　　原学校的活动场地是操场、篮球场和网球场，虽然有"大活"，但是空间很有限，而且功能不专一，改造后，加建了体育馆，可以满足众多体育的室内活动，并且有游泳馆，且体育馆和篮球场网球场相连，组成体育活动组团，具有大广场的开放空间，很大程度上满足了需要。

艺术街区

北面的建筑是需要保留的建筑，它的功能是设计院，所以我们把设计院这块的地块设计成艺术街区，比较符合设计师的氛围，景观方面，我们也结合了艺术街区的特点，尽量把这里设计得更有艺术氛围，就像北京 798 的感觉，这里更像是一个小型的 798，这里还有艺术博物馆，人们可以在这里逛逛博物馆，喝喝下午茶，还有办公楼，非常适合设计人员氛围的一个街区。

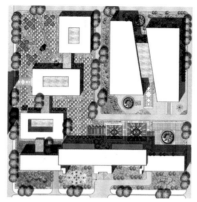

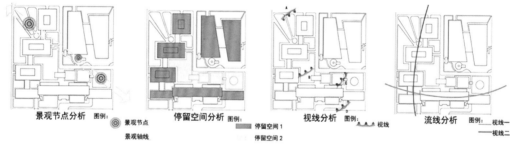

景观节点分析　图例：◎ 景观节点　　　　停留空间分析　图例：█ 停留空间1　　　　视线分析　图例：▲▲ 视线　　　　流线分析　图例：　视线一
　　　　　　　景观轴线　　　　　　　　　　　　　█ 停留空间2　　　　　　　　　　　　　　　　　　　　　　　　　视线二

2.3.4

文兴街－朝阳庵街区改造

2018
北京

15

　　本项目是文兴街－朝阳庵街区城市更新计划，设计立足现状，分析街区中存在的主要问题，解决问题的同时为街区引入新的活力点。

　　街道作为集中的公共活动场所是非常新颖的，街道不仅承担了交通的功能也承担了公共服务的功能，赋予了城市道路新的意义。北京的道路面积占到总面积的 10% 以上，充分地利用街道改造成公共绿色的集中场所是非常经济的。

　　设计者希望通过设计增强街道活力，实现街区的活力再生。

　　设计团队的心愿是通过对城市的合理更新让城市生活的节奏放缓，从而引导人们过上老北京传统文化中的慢生活。

　　与其说是设计城市，不如说是为城市居民设计一种健康的生活方式。

　　街区所处位置是一个被诸多交通设施环绕的黄金地段，更新过程考虑了对交通换乘线路的规划。更新后的换乘线路串联街区内部的主要公共空间，缩短换乘距离并给内部带来活力。

　　设计团队增加了空中慢行系统设计，刺入城市人口最密集地区，联系重要节点，提供社会基础设施；曲折路径与多样化功能空间廊道中蜿蜒曲折的道路提供了灵活多功能空间，为人们提供休息等其他活动场所。

北京"大城市病"四大根源

1. 人口增长过快   2. 交通拥堵   3. 水资源短缺，能源匮乏   4. 大气污染

老北京文化——慢生活方式

老手艺   逛市集   邻里互动   闲情雅趣

  "当我们正在为生活疲于奔命的时候，生活已经离我们而去。"调查显示，90%的中国大城市白领因忙碌而处于亚健康状态。而健康的核心是亲近自然，顺应自然。

  国内一项调查显示，84%的人认为自己生活在"加急时代"，生活节奏越来越快、压力越来越大是普遍现象。

对街区主要人群日常活动分析

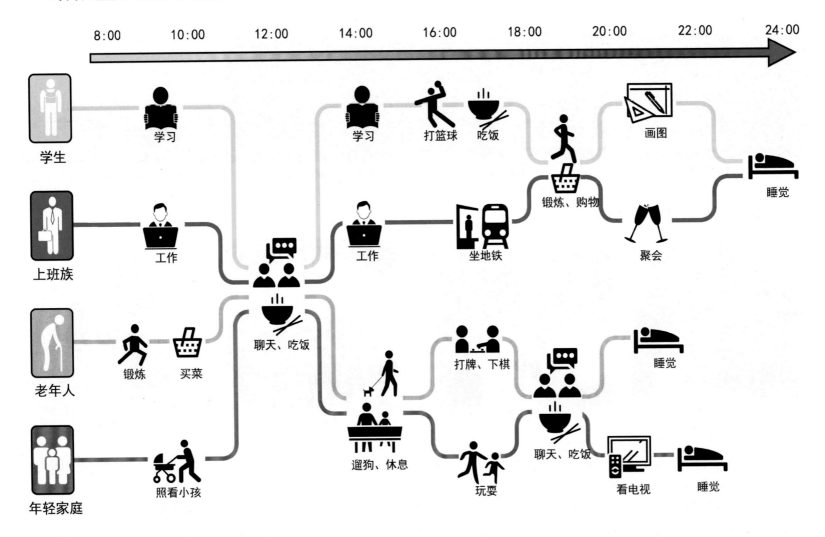

街区现状空间体验

街区现存空间种类单一、没有组织且缺乏管理，导致居民在公共空间内私搭乱建、乱停车、堆放垃圾，造成土地资源浪费。

·概念提出

慢：放慢脚步——增加步行空间、增设空中步道；放慢生活节奏——打造公共开放空间；放慢城市扩张速度——由横向扩张转变为纵向伸展

留：留住人才——营造积极友好的工作环境和氛围；留住文化——增加文化交流活动空间；留住特色——优化并扩大到创新产业和创意空间

建设可持续发展城市

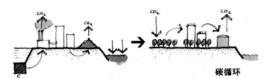 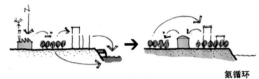 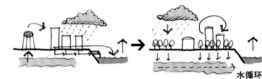

碳循环   氮循环   水循环

公共空间景观形式

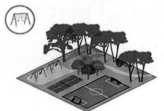   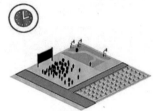

社区开放空间	生态景观	可持续发展基础设施	劳动+生产景观	可移动活动空间
提供娱乐，社交以及小型耕种的景观	提供栖息空间和其他环境效益突出的草地和树林	收集雨水和储存新鲜空气的景观	带来新知识，产生能量和食物，创造新的都市体验的景观	可举办临时社交活动和创新展示的开放场地
运动场 街区广场 邻里公园 林荫路 文化中心 廊道慢行系统	自然公园 快速再植林 亲水路 大面积草坪	人工水域 小型蓄水池 渗水公园 树林隔离屏障 绿色缓冲带 海绵城市	研究型景观 都市农业 露营场地	艺术空间 都市草坪 楼间空地 开阔广场 下沉广场阶梯

周边主要功能分布分析

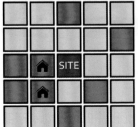 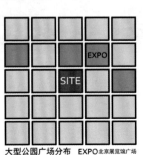 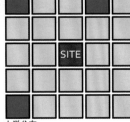 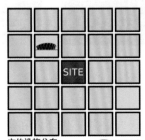 

科研、创新产业分布 🏠建筑设计类   大型公园广场分布 EXPO北京展览馆广场   大学分布   文体设施分布 首都体育馆   批发市场分布

· 规划概念

1. 街区现状主要由居住区、大学、批发市场、建筑设计院和宾馆五个功能组成。

2. 根据"十三五"规划，批发市场逐步进行疏解和产业转型，朝阳庵社区被列入棚户区改造名单

3. 把功能整合、优化和转移。参考上位规划和周边科研氛围，将批发市场转变为高新技术产业孵化器。

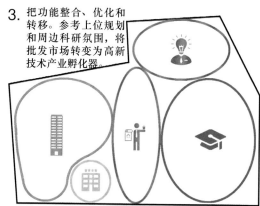

4. 将居住、建筑设计产业和大学这三个功能进行开放和融合，形成积极的公共交流活动空间。

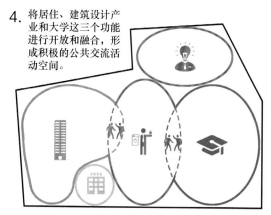

5. 将建筑设计产业和高新技术产业联动发展，形成一个区域性的科技创新中心。

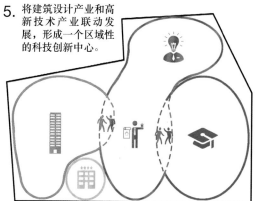

6. 横向布置空中步行廊道，串联公共开放空间；纵向重点发展创新产业带。

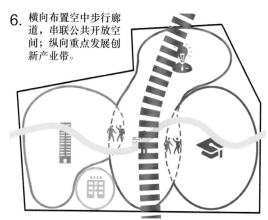

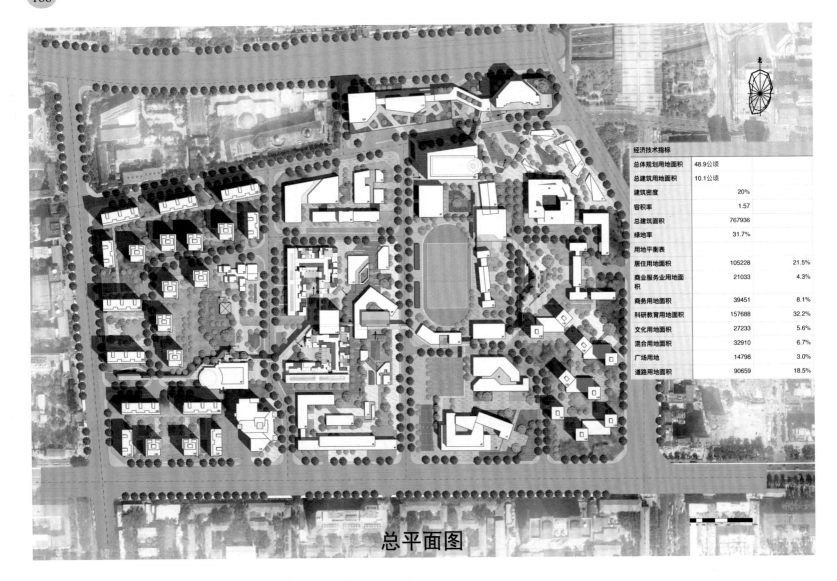

经济技术指标		
总体规划用地面积	48.9公顷	
总建筑用地面积	10.1公顷	
建筑密度	20%	
容积率	1.57	
总建筑面积	767936	
绿地率	31.7%	
用地平衡表		
居住用地面积	105228	21.5%
商业服务业用地面积	21033	4.3%
商务用地面积	39451	8.1%
科研教育用地面积	157688	32.2%
文化用地面积	27233	5.6%
混合用地面积	32910	6.7%
广场用地	14798	3.0%
道路用地面积	90659	18.5%

总平面图

空中慢行系统设计

　　刺入城市人口最密集地区，联系重要节点，提供各种社会基础设施。

　　曲折路径与多样化功能空间廊道中蜿蜒曲折的道路提供了多用途空间，为人们在快速通过之外，创造了舒适宜人的休憩场所。

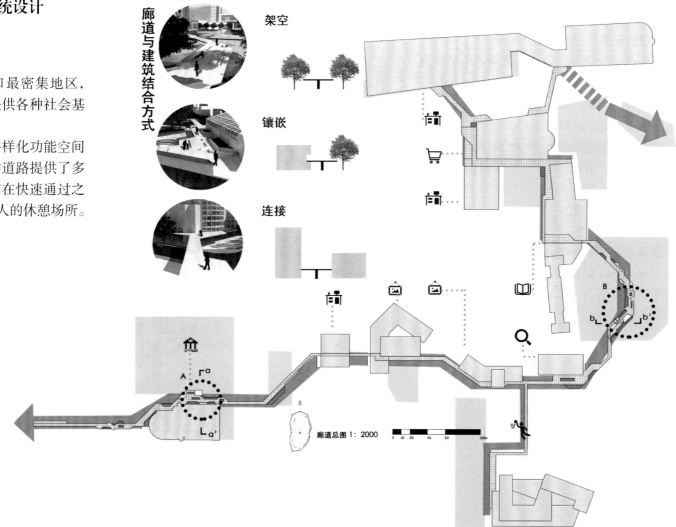

廊道与建筑结合方式

架空

镶嵌

连接

廊道总图 1：2000

0 10 20   40   60   100m

特色步行街设计

设计启示

街道作为集中的公共活动场所是非常新颖的，街道不仅承担了交通的功能也承担了公共服务的功能。赋予了城市道路新的意义。北京的道路面积占到总面积的 10% 以上，充分地利用道路改造成公共绿色的集中场所是非常经济的，并且能节约出更多的场地用于其他功能。这样可形成一个绿色、整体、充满活力的活动场所。同时，也可以将原本封闭的社区和大学进行开放，符合时代的发展。希望重新规划的基地也可以成为一个一周 7 天、每天 24h 都宜居的场所，一个充满活力与乐趣的场所。

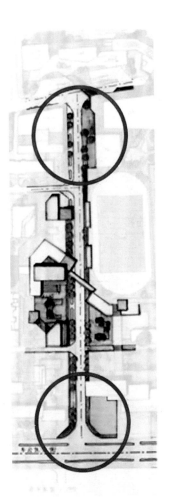

增加入口
开拓广场作为行人进入街道的出入口，并成为行人活动的节点。

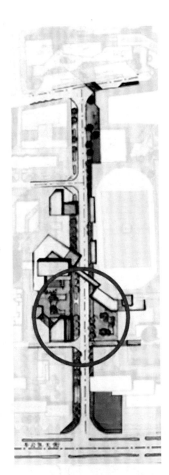

开发中心
开拓中心活动场地建筑，使街道两侧建筑相互联系。

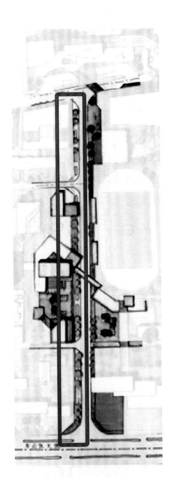

加宽人行路
拓宽人行路使其容纳更多行人。并设置蓄水池，用于绿化浇灌。

持续性
绿色生态
快速恢复的能力

安全性
确保遮雨性

橱窗确保人体尺度
设计充满复杂趣味性

考虑不同速度人群

确保步道的持续性

考虑不同人群与
年龄层次的需求

功能分析

基地中非常缺乏公共活动场所，通过建立特色步行道可以很好地解决这一问题。特色步行道的入口可建成集中的商业分化场所，这样可形成一个集中的主要的集公共服务、商业、文化艺术于一体的综合用地。与此同时新建成的特色步行道可以和北侧的各个文化活动场所有所联系，形成一个整体、充满活力的活动场所。

🛒 超市
☕ 咖啡店
🏪 商店
🖼 展览馆
🛹 公共活动设施
🚲 自行车棚
🍴 餐厅
🤾 运动场

快行系统与慢行系统

所规划的这条街原本仅为小汽车交通服务，因此我们首先将交通净化，建设了自行车配套服务设施并拓宽了人行区域，并将此区域根据不同需求、速度的人进行了一定分流。

⬜ 开敞空间
🚗 停车场
🚲 自行车棚

慢行道　快行道　车行道

空间虚实分析

空间的多边性增加步行街的趣味感。

建筑（实）

玻璃顶建筑（半虚）

廊架顶棚（虚）

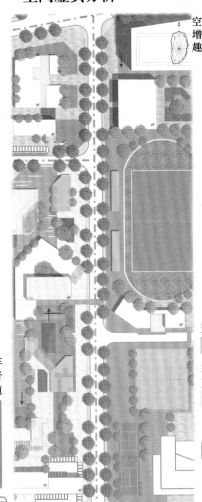

下沉广场平面图

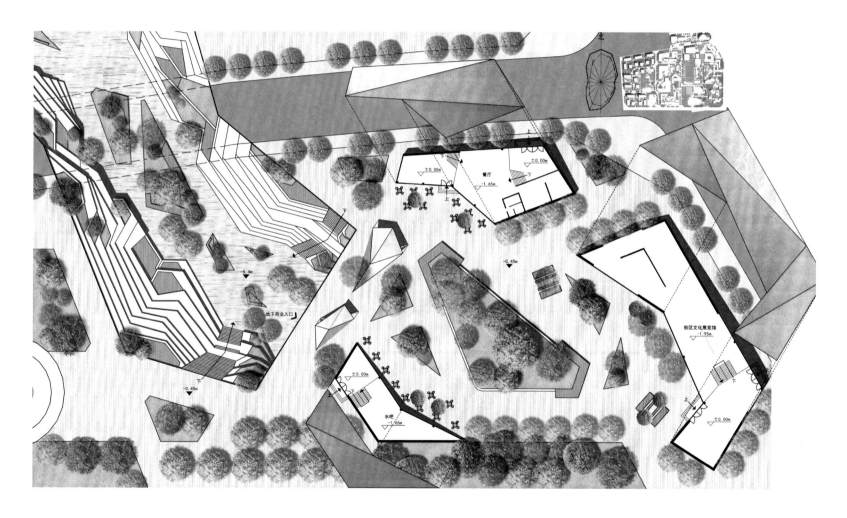

下沉广场效果图

广场构筑物北立面图

广场构筑物南立面图

学校节点

步行活动栈道——隔离大型公共活动区和车行路 并提供休息活动场所

室外学习空间——与主要教学区联系紧密,可做 为晨读或小组讨论的场所

水上地下车库入口——将景观与车库入口结合

评图空间——作为建筑学院同学室外评图、演讲 场所

浅水活动区——使活动者与景观互动增加趣味

植物认知区——种植多种植物,作为识别植物 场所

历史校园平面雕塑——记录学校原有平面历史

展览区——作为模型、作业展览场所

要素提取

根据现有保留建筑中经常出现 坡屋顶元素,提取出剖面作为 场地设计的元素,将形状运用 到大块的场地布局以及小型花 池的设计中。

静区

动区

动静隔离区

车行道

人行活动步道

景观道

景观节点鸟瞰　　浅水区　　健身及室外学习空间　　室外评图空间　　水上地下车库入口　　展览区

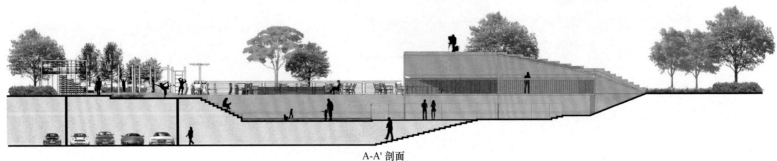

A-A' 剖面

参考文献

[1] 史建华，等．苏州古城的保护与更新 [M]．南京：东南大学出版社，2003．

[2] [美] 安东尼·滕．世界伟大城市的保护——历史大都会的毁灭与重建 [M]．北京：清华大学出版社，2014．

[3] 单霁翔．历史文化街区保护 [M]．天津：天津大学出版社，2015．

[4] 吴云．历史文化街区重生第一步——历史文化街区保护中调查研究工作体系的中日比较 [M]．北京：中国社会科学出版社，2013．